湖北省社科基金一般项目（后期资助项目）（2019140）
湖北省社科基金一般项目（后期资助项目）（2017043）

科技社团
资源依赖行为与治理研究

朱喆 ／ 著

KEJI SHETUAN ZIYUAN
YILAI XINGWEI YU
ZHILI YANJIU

知识产权出版社
全国百佳图书出版单位
——北京——

图书在版编目（CIP）数据

科技社团资源依赖行为与治理研究/朱喆著. —北京：知识产权出版社，2020.9

ISBN 978-7-5130-7170-3

Ⅰ.①科… Ⅱ.①朱… Ⅲ.①科学研究组织机构—社会团体—研究 Ⅳ.①G311

中国版本图书馆 CIP 数据核字（2020）第 174006 号

内容提要

资源依赖行为推动了科技社团的生存与发展，但同时也给其发展带来了风险性问题。本书首先对科技社团资源依赖行为的相关概念、内涵进行梳理和阐述，提出科技社团资源依赖行为治理的必要性；其次结合科技社团资源依赖行为的理论基础，对科技社团资源依赖行为主体、形式、媒介以及指向进行结构分析，并对科技社团资源依赖行为的动因及其过程展开实证研究。同时，通过构建科技社团资源依赖行为评价体系对其进行科学评价；最后在此基础上提出科技社团资源依赖行为的治理路径。

本书可以作为科技社团成长、社会组织发展研究的相关读物，也可以作为科技社团相关管理部门、业务指导单位、党政机关政策研究室或研究中心的专题读物，还可供从事社会组织工作和广大社会组织研究爱好者阅读参考。

责任编辑：田　姝　郑涵语　　　　　　　责任印制：孙婷婷

科技社团资源依赖行为与治理研究
KEJI SHETUAN ZIYUAN YILAI XINGWEI YU ZHILI YANJIU

朱　喆　著

出版发行：	知识产权出版社 有限责任公司 网	址：	http://www.ipph.cn
电　话：	010-82004826		http://www.laichushu.com
社　址：	北京市海淀区气象路 50 号院	邮　编：	100081
责编电话：	010-82000860 转 8569	责编邮箱：	laichushu@cnipr.com
发行电话：	010-82000860 转 8101	发行传真：	010-82000893
印　刷：	北京建宏印刷有限公司	经　销：	各大网上书店、新华书店及相关专业书店
开　本：	720mm×1000mm 1/16	印　张：	15
版　次：	2020 年 9 月第 1 版	印　次：	2020 年 9 月第 1 次印刷
字　数：	220 千字	定　价：	70.00 元

ISBN 978-7-5130-7170-3

前　言

习近平总书记在党的十九大报告中指出："创新是引领发展的第一动力，是建设现代化经济体系的战略支撑。"❶ 在新时代下，需要以科技创新来引领经济社会发展。党的十九届四中全会进一步提出："完善科技创新体制机制""加快建设创新型国家"❷ 而在建设创新型国家的进程中，涉及生产力和生产关系的全要素、多方面的创新，其中最核心、最重要的也是科技创新，因此必须建立国家创新体系。当前，国内外大量研究和实践表明，科技社团在国家创新体系建设中具有重要的地位，科技社团不仅是推动现代科技进步的重要力量，同时对维持国家创新体系的良好运转也能起到一定作用。

科技社团也被称为"科技类社会组织"或"科技类非营利组织"。科技社团作为科技工作者组成的柔性科学共同体，其内部人才聚集，具备独特的智力优势，具有知识密集型组织特征，能够通过学术交流和科学普及等方式激发科研人员的原始创新能力和推动相关科技领域的基础性研发，并提升全民科学素质，解决城乡发展中公民科学素质不平衡等问题，为创新型国家建设奠定基础，推动科技与社会相融合。同时科技社团还能够发挥其自身的中介作用，促进科技成果在国家创新体系中的各主体间的流通和转化，提升科技成果转化效率，进而推动科技与经济相融合。科技社团

---

❶ 习近平：决胜全面建成小康社会　夺取新时代中国特色社会主义伟大胜利——在中国共产党第十九次全国代表大会上的报告［R/OL］.（2017 – 10 – 27）［2019 – 08 – 11］. http：//www.xinhuanet. com/2017 – 10/27/c_1121867529. htm.

❷ 中共中央关于坚持和完善中国特色社会主义制度　推进国家治理体系和治理能力现代化若干重大问题的决定［R/OL］.（2019 – 11 – 05）［2020 – 01 – 05］. http：//www. gov. cn/zhengce/2019 – 11/05/content_5449023. htm.

作为科技类公共服务供给的新主体，所具备的独特优势逐渐受到各方关注。

2015—2019年中共中央办公厅、国务院办公厅相继出台《中国科协所属学会有序承接政府转移职能扩大试点工作实施方案》《关于改革社会组织管理制度促进社会组织健康有序发展的意见》《关于通过政府购买服务支持社会组织培育发展的指导意见》等政策来鼓励和扶持科技社团发展。中国科学技术协会（以下简称中国科协）的数据显示，截至2018年，中国科协所属全国科技社团有210家，从业人员3825人，个人会员466.9万人，团体会员56000个；各省、自治区、直辖市科技社团已达3462家，从业人员31406人，个人会员642.8万人，团体会员202000个。全国专兼职科普工作者和注册科普志愿者已达到270.5万人，科技社团及其参与人数得到了大幅提升。

与此同时，虽然当前我国在加强科技社团培育、引导科技社团健康成长过程中不断完善制度供给，但资源问题一直是制约中国科技社团生存发展的核心要素。近年来，科技社团为了获得生存发展资源，采取不同的资源依赖行为与外部环境（组织）进行互动。资源依赖行为在一定程度上拓展了科技社团的资源获取空间和获取渠道，推动其组织成长。但资源依赖行为在演化过程中也出现了一定的乱象，同时给科技社团的可持续发展带来了一定的风险性，科技社团中出现了大量的"僵尸组织""非法组织"，很大一部分科技社团在成长过程中"夭折"。组织发展整体呈现能力不足、活力缺失及对体制依赖性强等特征。因此，本书针对当前科技社团生存发展存在的问题，将科技社团的资源依赖行为作为研究对象，通过一个创新的视角来对科技社团进行分析和研究，破解科技社团在生存发展过程中所产生的困境和问题，并提出治理建议。

科技社团的资源依赖行为是与政府、企业、社会公民、媒体、高校及科研院所之间所组成的具有多层次、多维度的社会网络行为。在这一社会网络中，科技社团通过直接性资源索取模式下的"依附行为"、间接性资源互换模式下的"服务行为"以及合作性资源共获模式下的"合谋行为"与外部组织之间进行政策、资金、人力、合法性以及公信力等资源的索取和互换。从科技社团资源依赖行为的动因上来看，资源依赖行为的发生受到其组织"自身需要"和"外部环境控制"的共同影响，在不同的组织生命周期内，科技社团的资源依赖行为动因不同。在萌芽阶段，科技社团资源依赖行为的动因更容易受到其"生存需要"的影响；而在发展阶段，科技社团在资源依赖上更加依赖于权威部门的政策性资源赋予和对其组织活动的合法性认可，权威性资源是导致科技社团发展期进行资源依赖行为的主要原因。

而科技社团所采取的不同资源依赖行为给其组织发展所带来的效益和困境也有所不同，科技社团现有的资源依赖行为并不能有序地推动其组织的健康发展。采取"依附行为"和"合谋行为"的科技社团在资源获取过程中，随着外部环境的不断变化，其资源依赖行为选择所带来的影响将大于其行为所获得的收益，将会把科技社团带入"资源依赖陷阱"；而采取"服务行为"的科技社团在资源获取过程中，在"非对称性资源依赖"等依赖困境的影响下，其行为将会受到经济利益的驱动，向"合谋行为"转化。这一现象的发生与我国基层科技社团的现有体制以及生存发展现状息息相关，当前我国基层科技社团仍然处于萌芽期和发展期，整体生存能力还较为弱小，"马太效应"明显，"资金"与"人才"仍然是当前我国基层科技社团在生存发展中所遇到的"资源制约瓶颈"。同时，政府在体制上对科技社团的限制也进一步导致了这一现象的发生，政府在对科技社团的管理上，仍然存在着"治理缺位"，忽视了对其资源依赖行为过程的监管。在这样一种模式下，将进一步导致科技社团"名存实亡"现象的发生。同时，也造成了科技社团资源依赖行为中的乱象。

当前，需要从意识培育、体制转变、机制完善和政策保障等四个方面对科技社团的资源依赖行为进行优化和治理。政府需要引导和培育科技社团的"资源交换"意识，推动科技社团在市场竞争中获取生存发展资源，对科技社团"松绑"，而非"招安"，需要进一步构建和完善科技社团在市场化环境中的资源获取竞争机制，对科技社团与外部组织之间的非对称性资源依赖关系进行优化；科技社团自身应加强组织专业化能力建设，在提升组织自身社会服务能力的同时，实施在市场化环境下的独立资源获取行为；社会公民和媒体需要与政府合作，共同参与对科技社团资源依赖行为的过程监管，为科技社团营造一个良好的外部资源获取环境；同时，从科技协同治理的视角出发，建立科技社团资源交易平台、科技社团"互联网＋"资源共享平台、科技社团资源流动大数据治理平台，来保障科技社团资源依赖行为有序运行，提升科技社团的资源获取效率，促进科技社团可持续健康发展。

目　录

第一章　科技社团资源依赖行为概述

在创新型国家建设中，科技创新已经成为助推经济社会健康、快速发展的新动力。国内外大量研究和实践表明，科技社团在国家创新体系建设中具有重要的作用。科技社团不仅是推动现代科技进步的重要力量，同时对维持国家创新体系的良好运转起到一定作用。而资源问题一直是制约中国科技社团生存发展的核心要素。科技社团在社会场域中采取不同的资源依赖行为来获取生存发展资源，但资源依赖行为同时也给科技社团的可持续发展带来了一定的风险。本章主要对科技社团的概念、特征及功能进行探讨，并对科技社团资源依赖行为的概念、目的以及作用进行阐述，提出科技社团资源依赖行为及其治理的必要性。

第一节　科技社团概念、特征与功能

一、科技社团概念与类型

（一）科技社团的概念

2019 年 6 月，中国科协党组书记、常务副主席、书记处第一书记怀进鹏在"第二十一届中国科协年会——科技社团发展与治理论坛"上指出："科技社团是科技进步和人类文明发展进程中的一道亮丽风景线，对社会治理、社会发展和人类进步，特别是在发明创造和更有效地反映科技界的诉求、社会经济和文明发展方面，是一支非常重要的组织力量。"我国著名学者、国家最高科学技术奖获得者师昌绪院士曾说："学会与期刊，代表着一个国家在世界上的科学地位。"科技社团是学会、协会以及研究会的集合体。专家学者普遍认为，在世界科技社团的发展史上，最早出现科技社团的国家是英国。16世纪初，爱丁堡皇家外科医师学会获得英国皇室批准成立，这是历史上最早出现的科技社团。随后，英国皇家学会（The Royal Society，TRS）、美国电气和电子工程师协会（Institute of Electrical and Electronics Engineers，IEEE）、美国科学促进会（American Association for the Advancement of Science，AAAS）、英国皇家化学会（Royal Society of Chemistry，RSC）等一批现代科技社团开始涌现。新中国成立后，我国科技社团也得到了快速发展，中国工程师学会、中国药学会、中华护理学会、中华医学会、中国地质学会等一批专业性科技团体开始出现，现代科技社团在学术交流和科技创新中发挥着重要的作用，并推动着人类科技进步和社会发展。科技社团从16世纪初到现在，经历了初创期、奠基期和发展期三个重要发展阶段，科技社团的三个发展高峰期分别在17世纪、19世纪末以及20世纪中期至今（杨文志，2005）。

科技社团这一概念最早从西方国家引进而来，美国学者普赖斯在《小科学，大科学》一书中指出，学术交流对科技发展具有非常重要的作用和极其深远的意义。在科技交流中，存在着两种学术共同体。第一是正式的、大规模的学术共同体，即各类大学和科研机构等；第二是非正式的学术共同体。普赖斯将其称为"无形学院"，即各类学会、协会以及研究会等。这两类科学共同体共同影响着科学工作者之间的交流、社会网络以及科技信息流动。

中华人民共和国国务院在《社会团体登记管理条例》中指出："社会团体是指中国公民自愿组成，为实现会员共同意愿，按照其章程开展活动的非营利性社会组织。"我国学者从不同的视角对科技社团的概念进行了阐释。科技社团是从事科技行业的人员自主建立可供学术交流的柔性社会组织。科技社团从其特征上看，是一个非官方的组织，同时也是科学家自愿参与的科学共同体，其主要职能是为科技工作者提供"社会归属"和学术交流的平台、为广大民众普及科学技术知识、促进学科发展，推动社会科技进步（王春法，2012）。张国玲和田旭（2011）认为，科技社团与政府和企业不同，科技社团作为社会团体这一特殊的社会主体而存在，是具有非营利性质的社会组织之一，其成员构成主要为科技领域的相关工作者。科技社团不直接参与政府相关决策和对外进行营利活动，其组织的主要目的是进行科学研究交流和推动科技创新。科技社团在信息、人才以及科研方面具有独特的组织优势，能够对政府的相关政策提供决策咨询以及参与企业的研发创新，并在推动科技进步等方面发挥着重要的作用。高华（2007）认为，科技社团属于学术型和科普型社会团体，主要包含自然科学、技术科学以及工程技术等相关学科领域的学会，虽然学会与科技社团称谓不同，但二者所表达的含义一致，学会主要侧重于描述组织的自身功能，而科技社团主要是基于社会结构的阐述。综合来看，科技社团的目的是为了促进科技进步、学术交流互动以及科学技术普及而成立的，在推动学科发展、提升领域内学术水平，推动基础创新以及科技进步等方面发挥着重要的优势性作用。

周大亚（2013）认为，在我国，各类学会、协会和研究会是科技社团的主要载体。科技社团的成立主要是以学术交流为目的，科技社团作为相关科技领域内人员自发成立的柔性社会组织，科研人员可以通过参与该组织获取相关的学术信息和科技信息。黄浩明和赵国杰（2011）认为，科技社团的形成是随着现代科学技术的不断发展而出现的，科技社团在一定意义上代表着科技共同体之间的社会诉求。在现代社会，科技交流呈现出职业化和专业化特征，而对于科技知识的管理和传播也更为系统化和社会化。随着学科交流和学科交叉的不断形成，科研工作者需要进行社会化交流与合作，拓展自身的社会网络和学术信息，从而催生了科技社团的形成。张凤帆（2004）认为，科技社团从其本质上看就是科技非政府组织，不仅是科技类的组织，同时也是非政府组织，科技与非政府共同构成了科技社团的双重组织属性，相对于政府部门和企业组织，科技非政府组织属于第三部门，且存在于科技领域之中，是依法成立、自主管理且具有非营利性和志愿性的科学共同体，科技非政府组织主要是为了解决科技领域中的社会问题而产生。同时，科技社团还具有共性与个性的双重特征，从共性上看，科技社团属于社会组织（非营利组织）范畴，具备非政府组织或是非营利组织的共同特征。但从其个性上看，科技社团属于科技类非政府

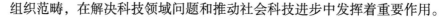

组织范畴，在解决科技领域问题和推动社会科技进步中发挥着重要作用。

（二）科技社团的类型

科技社团也被称为"科技类社会团体""科技类非营利组织""科技型社会组织"等。现有研究从不同角度对科技社团的类型进行了划分，主要可以分为以下几类：

第一，从科技社团组织类别上看，科技社团可以分为枢纽型科技社团和专业型科技社团两类。枢纽型科技社团是指中央和地方各级科学技术协会，专业型科技社团是指接受各级科协主管和业务指导的专业型学会、协会以及研究会等。2009年，北京市社会建设工作领导小组在《关于认定第一批市级"枢纽型"社会组织的通知》中提出了"枢纽型社会组织"这一概念，将包括市科学技术协会、市妇女联合会、共青团市委、市残疾人联合会在内的10家人民团体认定为枢纽型社会组织。枢纽型社会组织事实上最早来源于学界对国家和社会的关系研究。现有研究认为，国家和社会关系主要可以分为法团主义模式和多元主义模式。在法团主义模式下，国家与社会功能组织间的互动机制建立在制度化的基础之上，社会公众参与的中介机构和行业协会等与政府以及私人机构共同成为社会结构的主体部分，具有社会功能的组织拥有特定的组织目标，并获得国家的认可，且处于非竞争性和具有相关层级的结构之中，能够从国家获得授权来代表本行业领域内的其他同类型组织。但同时，社会功能性组织也受到相关行政权威的控制，主要表现在领导安排、资源支持以及需求表达等方面，不利于社会组织的功能发挥（张静，1998）。随着我国社会组织的飞速增长，在社会组织发展中也呈现出复杂性问题，虽然法团主义在西方国家的社会思想史中具有重要的作用，但却无法完全涵盖和解释中国的社会结构变迁，如何对社会组织进行有效管理成为考验执政者智慧的重要课题，而成立枢纽型社会组织不仅可以很好地解决其功能性发挥等问题，同时也能够有效代表组织内部成员的利益，并在国家和社会中发挥其桥梁和纽带作用。枢纽型社会组织作为联合性社会组织获得相关部门授权，对同领域内的社会组织进行服务和管理，有效解决了社会组织的多头管理问题（崔玉开，2010）。科技社团作为科技类社会组织，根据中华人民共和国民政部社会组织管理局对于社会组织的划分，可以将其划分为社会团体、基金会、民办非企业单位以及涉外社会组织四类。张凤帆（2004）认为，从广义上看，专业型学会、研究会、综合性科协、科技基金会、科技成果转化与咨询机构、科技扶贫组织以及环境科技、环境保护组织等共同构成了科技社团的主要类型。杨文志（2006）提出，可以将科技社团划分为联盟型、专业型以及社区型等三种科技社团类型。

第二，从科技社团组织属性上看，科技社团与其他类型的社会组织一样，可以分为正式科技社团和草根型科技社团两类。正式科技社团是指在民政部门登记，具有独立法人的科技型社会组织，而草根型社团是未在民政部门登记但从事科技类社会服务的非营利性机构。郭建斌（2005）认为，科技社团可以分为"官办""挂靠"和"法人""非挂靠"两种组织类型。张恒（2013）在对科技社团的研究中发现，科技社团大致可以分为半官方型学会（即挂靠在相关政府单位，且主要领导为主管部门兼任）、纯学术型学会、社会服务型学会以及专业技术型学会等四类。赵宏伟和郗永勤（2010）提出，对于科技社团的科学分类，需要考虑其所涉及的领域、层次以及要素，需从结构、行为以及功能特征等三个方面，运用多指标，从多角度来对科技社团进行划分。结构特征方面可以将科技社团分为挂靠单位主导、挂靠单位影响以及挂靠单位参与三种类型；在行为特征和功能特征方面可以将科技社团分为行政化色彩（执行挂靠单位任务）、行政化＋民间组织色彩（执行单位任务和满足会员需求）、民间组织色彩（进行市场化运作并主要以满足组织会员需求作为其主要功能）等三种类型。黄浩明和刘银托（2012）认为，科技社团主要可以分为政府主导型、市场发展型、学术主体型、草根自发型以及组合型等五种组织类型。

第三，从科技社团学科分布上看，中国科协将其业务管理和业务指导的全国学会、协会以及研究会等科技社团从学科领域方面进行了划分，主要分为理科、工科、农科、医科以及交叉学科等五类科技社团。王兴成（1995）发现，农科、医科以及交叉学科的科技社团社会功能不同，且在各学科领域中的作用也不同。张宏翔（2007）认为，科技社团的专业范围不仅涵盖了理科、工科、农科、医科等学科领域，同时在信息学科和管理学科等领域也发挥着重要的作用。张自谦（2011）认为，从横向的学科分布上看，科技社团可以分为理、工、农、医以及交叉学科类科技社团。同时，科技社团还包涵了自然科学领域和技术科学领域中的学术团体，在基础科学、技术科学以及工程技术科学等学科领域中发挥着重要的优势性作用。

第四，从科技社团纵向层级上看，科技社团可以分为国家级、省级、地市级以及县级等四个层级的枢纽型科技社团和专业型科技社团，且各级枢纽型科技社团（科学技术协会）负责相应的专业型科技社团的业务管理和业务指导。杨文志（2006）认为，在中国，科学技术协会是中国共产党领导下的人民团体，同时也是联盟型科技社团。科学技术协会在党和政府与科技工作者的联系中承担着重要的桥梁和纽带作用，从其层级上看，上级科协对下级科协进行领导，下级科协属于上级科协的重要组成部分，而同级学会、协会以及研究会等专业型科技社团是相应层级科学技术协会的会员单位，并接受同级科学技术协会的业务指导和管理。此外，从科技社团的纵向层级来看，虽然枢纽型科技社团具有上下级的隶属关系，但下级专业型科技社团与上级专业型科技社团间并不完全存在着隶属或业务管理、业务指导关系，部分规模较大的专业型科技社团主要对其分支机构（如各学会分会）展开业务管理和业务指导。

二、科技社团的特征

（一）非营利性

科技社团作为科技类非营利组织和科技社会组织，非营利性是其组织的重要特征之一。汉斯曼（Hansmann，1996）认为，非营利组织与企业等营利性组织间具有一定的共性，即都被获准参与营业活动，但两者间也存在着显著性差异，这一差异主要体现在营业活动所获得的盈余分配方面。企业等营利组织所获取的利润可以在其管理层、员工以及企业利益相关者之间进行分配，非营利组织则不同，其所获得的组织收益或是净盈余（net earnings）不能够在其组织内部的人员中进行分配，这也是其非营利特征的重要表现。美国财务会计准则委员会（Financial Accounting Standard Board，

FASB）在其发布的公告中提出，非营利组织所获得的捐赠收入并不是为了组织利润，其收益只能用于组织运行。萨洛蒙和安海尔（Salamon and Anheier，1992）也认为非营利组织的非营利性特征主要体现在禁止利润分配上，但并不意味着非营利组织不能接受来自外部组织和个人的捐赠，或是参与市场运营并获得生产利润，而是其组织利润必须用于组织的运营和发展，或是一些特定的组织目标任务上，同时其利润禁止在组织个体间进行盈余分配。我国著名非营利组织研究专家王名（2006）也提出，非营利组织发展的资产应主要来源于社会捐赠等公益性资源，且非营利性是其最主要的特征。在非营利性特征下，组织收益应受到分配限制和约束，其经营性收入不能转变为个人财产。

（二）志愿性

科技社团与政府和企业间具有较大的特征区别，科技社团的萌芽、发展以及成熟均无法依靠组织内部的行政权威性资源所驱动，同时也无法依靠经济利益维持组织成长。科技社团是相同领域内的科技工作者基于共同价值理念所志愿结社而成，组织内部成员的加入与退出均具有很强的自愿性，且不受经济利益和政治利益驱使，可以说自愿性和志愿精神是科技社团成立和运行的原始动力。于海（1998）也认为，志愿性特征是社会组织的标志性特征，社会组织的一切内生驱动力都来源于其志愿性特征，不仅参与组织的个人是自愿的，同时其所开展的社会服务也应是基于志愿精神。王建州（2013）认为，社会组织随着社会分工逐渐细化而产生，并随着经济社会发展而日益完善。社会组织是人们自愿组成的"共同群体"，主要是基于相同的兴趣、利益以及认同等因素，并为了实现共同的特定目标而聚集成立。因此，科技社团的形成具有显著的自发性，而基于自发性动力，组织内部成员在对内和对外提供组织服务时呈现出志愿性特征，即在不以物质报酬为前提的情况下，自愿在组织中贡献个体的时间和精力，并为组织发展、社会公益以及全人类科技进步提供志愿服务。

（三）公益性

公益性是科技社团的基本特征，科技社团在成立时的宗旨与组织任务决定了科技社团的公益化属性。与其他类型的社会组织一样，科技社团同样也是非营利性质的社会团体，成员构成大多来自高校和科研院所的科技工作者，参与目的主要是为了学术交流和社会网络拓展。但同时，科技社团所开展的学术交流、决策咨询、科学普及等活动的最终目的是推动学科繁荣，提升政府相关部门的顶层设计和决策的科学性，提升全民的科学知识和综合素质，并推动经济社会发展，因此科技社团具有明显的社会公益性质。科技社团与企业等营利性组织相比具有更加灵活的组织运行模式，且更加关注社会价值和自身的公益使命，能够志愿和自觉地提供社会公益活动，如开展科学普及进社区、科技下乡等活动，从而发挥组织的公益性功能。鲁云鹏（2019）认为，科技社团的公益性组织属性事实上源于其互益性功能。在第二次世界大战之前，科技社团主要基于学术交流和会员交往的目的而成立，是一个典型的互益性组织，其组织存在主要是基于组织内部的会员需求。而在第二次世界大战结束到现在，随着全球社团革命和科学社会化的共同推动，科技社团开始面向社会、企业以及政府展开多领域合作，在获取组织成长资源的同时，也承担了相应的社会公益职责。危怀安等（2012）认为，科技社团不仅具有专业性、人才聚集等特点，还有公益性和共同价值取向等特点。陈建国（2014）发现，从本质上看，科技社团是科学家所组成的科学共同体，这一共同体存在于同一学科领域中，科技社团呈现出的学术性和专业性特点，也进一步说明了科技社团是一个知识密集型组织。同时，科技社团还具有明显的"公益性"，这个特点是由于科技社团绝大部分采取会员制，且组织的主要功能在于服务会员需求、表达会员诉求、规范会员行为等方面。

（四）中立性

"中立"一词从其字面意义上看是指在对立的各方之间，不倾向于任何一方。科技社团在社会网络中属于独立的社会主体，作为科技类社会组织，其既不依附于政府等权威性部门，也不依赖于企业等营利性主体，具有中立性特征。而自主性也是社会组织实现中立性的前提和保障，社会组织独立于政府和企业，与其之间没有从属关系，具有相应的自我管理和自我决策权。萨洛蒙和安海尔（1992）提出非营利组织首先应具有正式组织形态或是被政府部门批准成立，同时也必须独立于政府和企业成为第三方力量，不属于政府的任何部门，政府官员也不应在非营利组织中担任相应的职务，保证非营利组织的独立性和中立性。潘建红和武宏齐（2016）认为，科技社团的组织运营和活动开展有充分的自主性，且属于独立于政府、企业之外的第三部门，其组织特征呈现出中立性。西桂权等（2018）也发现，科技社团组织边界开放，作为科技领域内跨行业和跨部门的学术共同体，组织成员的进入与退出具有很大的自由性，在面向社会和会员进行服务时，可以不受或较少受到外部组织的影响，在服务理念、社会价值等方面呈现出中立性，而中立性也带来了组织权威性的增长。张举和胡志强（2014）在对英国科技社团进行分析中也发现，科技社团不代表任何相关利益集团，且不会受到政府的干预，因此科技社团在其活动中呈现出独立性和中立性特征。

（五）专业性

科技社团与城乡社区服务类组织、公益慈善组织以及行业协会商会类社会组织具有一定的特征共性，即均具有非营利性、志愿性、公益性以及中立性等特征。但同时，科技社团与其他类型的社会组织间也存在着显著的特征差异，特别是在专业性特征方面。科技社团的专业性特征主要来自组织自身的特殊属性，科技社团组织内部智力资源密集，具有其他社会组织不具备的优势。在新时代下，科技社团能够有效嵌入经济社会发展之中贡献自身的智力资源，并基于自身的专业化优势，面向社会公民、政府以及企业提供专业化服务。现有研究表明，现代科技社团承担了一些科技评价、项目评估等政府职能转移或委托项目，甚至国外部分成熟科技社团还参与该国的法律法规制定，并呈现出较强的专业化特征（鲁云鹏，2019）。孙纬业（2018）在对发达国家的成熟科技社团研究中发现，现代科技社团普遍具有学术共同体构建、提供专业化服务、专业认证与技术标准制定、科学知识传播以及促进科学研究等五大社会功能，而面向社会提供专业的公共科技服务是国外科技社团的核心使命，同时一些成熟的科技社团也能够很好地承担专业服务职能，如美国科学促进会便参与制订了美国国家长期战略规划。科技社团在相关专业领域内具有较高的学术权威性和专业性特征。

三、科技社团的功能

（一）学术交流功能

学术交流作为科技社团的首要功能，在其成立之初即被确立。在对武汉市科技社团的一项调研中发现，科技社团的学术交流功能明确，70%以上基层科技社团的组织功能定位为学术交流、举荐人才、论文专著推优等，而定位于决策咨询、维权活动的科技社团较少，社会服务功能定位模糊，且主要通过举办学术会议、年会以及讲座等方式来进行组织内的学术交流（徐顽强、朱喆，2015）。黄珊珊等（2008）在对科技社团的研究中认为，科技社团在推动创新型国家建设中具有重要的作用，开展学术交流是科技社团的核心功能之一，科技社团开展学术交流活动不仅可以为国家创新体系建设提供重要的知识技术支撑，同时也是科技社团的自身责任和首要职责。通过学术交流，科技社团会员能够拓展其社会网络，促进同行之间的合作和认可，从而提升组织会员的科技创新水平与创新能力。综合来看，科技社团的学术交流功能对组织会员自主创新具有显著的促进作用。

学术交流同时也是科技社团成长的动力源泉和立身之本。科技社团的学术交流功能可以使科技领域内的工作者更好地融入科学共同体之中，在其学科前沿知识、职业技能以及学术信息获取中具有重要的纽带性作用。科技工作者参与科技社团可以了解到最新的学术前沿信息，能够将自己的成果与同领域内的专家学者进行交流和讨论，并获得学科发展的最新动向。而学术交流本身具有一定的商品属性，需要加强科技社团学术交流方面的品牌建设，从而促进学科繁荣发展，进一步推动社会科技进步。邢天寿（1996）认为，科技社团在政府部门、企事业单位以及社会团体所共同构成的社会结构中，具有横向联系的作用，科技社团对外的形象往往是"思想库"与"智囊团"，而这一形象的构建则主要来源于科技社团本身所具有的学术交流功能。学术交流功能也是科技社团的生命线，伴随着其从萌芽、发展到成熟的组织成长阶段，学术交流是维持组织发展和成长的营养源。科技社团通过学术交流活动确立了组织的权威形象。在美国、英国等国的科技社团中，不仅会经常性举办大型的领域内会议，同时还会通过一些小型专题研讨会来促进学科间的交流与联系。科技社团的学术交流功能具有较强的创造性效应，组织会员可以通过交流活动获取相关信息和前沿知识，其交流活动中的相互思维启迪效应推动了创新思维的产生，在人类科学发展史上具有重要的作用。因此，科技社团的学术交流不仅是其组织的重要功能，同时对组织的发展具有支配性作用；学术交流同时也是科技社团社会形象的重要呈现，并被社会公众所接受，学术交流在科技社团的众多功能中是最为基础和基本的功能属性。

（二）决策咨询功能

在新时代下，科技社团作为国家科技治理的重要参与主体，不仅作为单一的学术交流组织存在，科技社团同时还承担着相应的社会服务功能，而决策咨询功能则是科技社团参与社会服务的重要表现形式。现有研究表明，政府在科技活动中存在决策失误现象，导致其决策失误的主要原因是相关领域内的专业咨询建议支持不足，或相关决策咨询不具有可操作性。在面对世界经济一体化的进程中，经济社会格局发生着新的时代变革，在复杂的时代变革之下，多元化社会问题逐渐产生，并与国家经济社会转型发展间呈现出复杂的联系，在创新驱动的时代背景下，需要专业化的科技社团来为科技驱动经济社会发展提供相应的决策咨询服务。科技社团是科技工作者所组成的科学共同体，具有专业化优势，我国科技社团人才聚集、学科分布广泛，完全拥有向政府相关部门提供决策咨询的能力（陶春、李正风，2012）。戚敏（2008）研究发现，在政府决策科学化、民主化以及规范化的要求下，政府在经济社会中的各项重要决策均需要通过专家论证和决策咨询，同时在决策过程机制建立方面，政府决策需要广泛听取各方面的意见，并建立和完善党政机关领导、社会公民以及专家学者共同参与的民主决策机制，发挥相关领域专家和咨询决策机构的作用。应该说当前科技社团发挥决策咨询功能的外部环境已经具备，而科技社团作为专业决策咨询机构，同时也是政府的思想库，在现代化决策制度和机制中应发挥重要的作用，这同时也是科技社团所担负的时代重任。科技社团拥有其他社会组织所不具备的特殊优势，科技社团从广义上看属于知识密集型组织，其组织内部人才与智力密集，且具有横向沟通的便利优势，能够运用前沿知识理论和现代化分析方法来解决经济社会发展中的复杂问题，从而为政府在科技治理中提供专业建议和基础知识支撑。

当前，在欧美发达国家，大多数科技社团已从传统的"学术交流"型转变为"社会服务＋学术交流"型综合性组织，科技社团的决策咨询作用已逐渐凸显，并成为科技领域内决策咨询的重要力量。如美国化学学会（American Chemical Society，ACS）、美国公共卫生学会（American Public Health Association，APHA）等科技社团在学术交流的同时，为政府在科技领域内的顶层设计以及行业发展提供相应的政策研究咨询和决策论证等。此外，这一类科技社团还能够对相关科技项目开展评估和科学论证工作，并对行业内所产生的争议问题进行仲裁。综合来看，国外科技社团主要通过参与相关法律法规制定、向政府提供咨询报告、为公众共享科技政策报告等方式来发挥其决策咨询功能（朱相丽等，2011）。

（三）科学普及功能

随着经济社会不断变迁与现代科技的飞速发展，信息化网络社会逐渐形成，科普信息在网络化社会中得到有效传播，社会公民对科技活动与科技知识的认知逐渐趋于理性化和科学化。在我国传统的科学普及模式中，主要由政府进行科学知识传播，科普主体较为单一，且具有较高的行政权威性特征。但随着现代科技与新媒体技术的不断发展，科普主体呈现出多元化趋势，越来越多的科技社团参与到科学普及中来，运用自身专业向民众普及科学知识。因此，科学普及也是当前科技社团的重要功能之一。万兴旺等（2009）在对英国科技社团的研究中发现，英国除了政府对科学普及进行大规模投入，还拥有一个非常成熟的科技传播社团网络，而科技社团作为英国科技传播的主体，独立于政府或企业等营利性机构之外，如英国科学学习中心、英国科学教育协会、英国科学促进会、英国皇家科学研究会以及威康信托基金会等。英国科技社团组织管理模式灵活，并吸纳了较多的社会资源，具有较高的社会影响力，部分科技社团承接了英国政府的科学教育与传播工作，向社会公民推广相关科学知识信息，促进了科技与社会的有效融合。詹丽凝（2019）认为，在知识经济社会，科学技术不断发展，而科普教育已经成为提升国民科学素质和国家核心竞争力的有效方式。在美国等西方发达国家，会通过培育和发展科技社团来建立科学普及平台，科技社团的参与门槛较低，并吸引了大批青少年共同参与社团组织，而通过科技社团来对社会公民中的青少年群体进行科学普及是一条效果最好的国民素质提升路径。

梁纯平（1999）认为科普工作关系着国民素质的提升，也是经济社会发展中的重要基础性工程，而在我国农村社区，如何有效进行科学普及则需要科技工作者和科技社团的共同参与。当前，农民对于农业实用技术以及相关科学知识需求迫切，但科技培训班、夜校等传统科普模式已无法满足农村居民的现实需求。科技社团在对农村进行科普的同时可以推动会员间进行信息共享，从而提升其为组织会员和农民服务的水平与能力。徐顽强等（2016）发现，科技社团从本质上看仍然属于非营利组织的主要类型之一，其组织属性具有一定的公益性质，因此，科技社团需要从为社会服务、为学科发展等维度出发来实现自身的组织价值。在为社会服务方面，科学普及是其重要的社会功能之一，科技社团通过向公民传播科学技术知识，并开展有效的科普活动是其基本功能。一些组织结构较为完善、规模较大的科技社团，由于其自身所拥有的各类资源，在人力和财力方面相对规模小的科技社团具有显著性优势，因此这一类科技社团可以通过进社区或公益广告宣传等方式来展开科学普及，并取得较好的社会反响，进而带来组织自身的社会认知度提升。李静和焦文敬（2018）发现，科技社团功能的有效发挥直接影响着国家创新体系建设的成效，科技社团不仅承担着学术交流的责任，同时也是科学技术知识的有效普及平台。当前我国科技社团主要通过科技下乡、科普进社区、科普日、科普周以及西部科普工程等模式传播科学技术知识。同时，部分科技社团还成立了科普教育基地，不仅对公民展开科学知识教育，同时还吸引公民作为志愿者共同参与科学普及。

（四）科技评价与行业规范、维权功能

1994 年，国家科学技术委员会提出用"第三只眼睛"对科技计划开展独立评估工作。2008 年 12 月 15 日，胡锦涛同志在纪念中国科协成立 50 周年大会上的讲话中指出："要把进行科技评价、举荐创新人才作为科协所属学会的重要职能。"❶ 科技评价是基于委托方的要求和目的，运用科学的手段和方式，按照规定的原则对相关事项进行全流程评审工作。科技评价具有专业化和规范化等特征，而科技社团作为专业同行共同成立的专业化学术共同体，在科技评价中具有独特的优势。

当前我国在科技评价体系的建设中做了大量的基础性工作，并通过各类模式试点，取得了宝贵的经验。现有科技评价体系下，主要参与主体是各级科技领域的行政管理部门，部分地区也引入了科技社团参与科技评价工作，但在全国大规模、大范围的展开还有待于政策法规、政府职能转移等外部环境的不断优化。科技社团作为国家科技评价体系的重要参与主体，开展科技评价也是科技社团自身的重要功能之一。科技社团拥有专业化、知识密集等特征，且组织运行较为灵活，在相关学术领域具有一定的权威性，完全能够很好地承接政府所转移的部分科技评价职能，如在科技奖励、科技成果鉴定、专业技术职称职务评审等事务性工作中发挥"补位"作用。当前应该充分发挥科技社团的智力优势和人才优势，并建立起具有中国特色的科学共同体评价体系。张思光等（2013）发现，在知识生产模式下，科技评价被赋予更多的意义和功能，科技评价是否合理有效直接影响着科学技术水平的提升以及政府决策和管理的现代化水平。科技社团作为科学共同体，其科技评价的功能、对象以及范围不断拓展，并大致可以分为主动参与评价和承接政府或第三方的委托评价两类。田德录（2010）认为，单一化的评价机制和评价主体会带来科技评价的"失灵"，需要进一步推动科技评价的体制机制建设。在中国特色科技评价体系中，政府、企业、社会公民、媒体以及科学共同体应共同参与评价活动，科技社团在发挥科技评价功能时，不仅要加强组织在科技成果鉴定、人才举荐、科技奖励等方面的作用，还应考虑社会价值，将科研成果对经济社会的贡献纳入评价标准。

此外，科技社团作为同行业领域内科学家共同组成的非营利组织，在

---

❶ 胡锦涛. 在纪念中国科协成立 50 周年大会上的讲话 ［R/OL］.（2008 – 12 – 15）［2019 – 12 – 16］. http：//news. cri. cn/gb/18824/2008/12/15/1062s2361781_1. htm.

维护行业规范、制定行业标准以及为行业内科学家反映诉求等方面也发挥着重要的功能。国外较为成熟的科技社团不仅参与行业标准的宏观制定，而且在科技领域内的学术道德和科研诚信机制等行业规范建设过程中也发挥着重要的作用，并在国际合作交流中为国家和科技工作者维护合法权益。现有研究认为，由行业协会等科技社团来制定相关的行业标准可以弥补政府主导的"弊端"，科技社团在制定行业标准中专业性和民主性更强，有利于提升行业标准制定的科学性，从而推动经济社会发展（陈光和李炎卓，2017）。同时，基于科技社团的中立性与权威性特征，维权是科技社团的特定功能，当会员的合法权益受到侵害时，科技社团可以通过集体发声的方式反映组织会员和专家学者的合理诉求（杨文志，2006）。随着全球一体化进程的不断推进，国际科技合作与交流也逐渐增多，面对不同的国际法律法规差异，科技社团需要不断提升自身的权威性与国际影响力，在维护科技工作者的合法权益与合理诉求中发挥重要的功能性作用。

（五）科技成果转化的中介功能

2016 年，国务院办公厅在《促进科技成果转移转化行动方案》中提出："发挥科技社团促进科技成果转移转化的纽带作用。"在新时代下，推动科技成果转化是国家的重要战略决策。但科技成果转化是一项系统性综合工程，在科技成果的转化场域涉及政府、成果供给与需求双方以及中介组织等多主体共同参与。科技成果转化的有效实现不仅需要资金、信息技术以及人力资源等核心要素，同时还需要各主体间进行有效的协同合作，而科技社团的参与能够发挥其科技成果转化的中介优势，推动供需双方的互动与需求，促进资源要素在转化链中的自由流通，科技社团所具有的成果转化中介功能有效降低了科技成果的转化风险，并提升了科技成果的转化效率（潘建红和杨利利，2019）。党的十九大报告也提出："深化科技体制改革，建立以企业为主体、市场为导向、产学研深度融合的技术创新体系，加强对中小企业创新的支持，促进科技成果转化。"❶ 科技社团不仅能

---

❶ 习近平. 决胜全面建成小康社会 夺取新时代中国特色社会主义伟大胜利——在中国共产党第十九次全国代表大会上的报告 [R/OL]. (2017 - 10 - 27) [2019 - 08 - 11]. http：//www. xinhuanet. com/2017 - 10/27/c_1121867529. htm.

为政府相关部门提供决策咨询，在为企业解决基础研发难题、为企业提供技术攻坚等方面也发挥着重要的中介作用。现有研究发现，科技社团在对科技型中小企业提供服务中，已经成为独立于政府、企业以及社会的创新型服务平台，拓展了科技型中小企业的外部知识来源（张英杰，2014）。孙录宝（2019）认为，科技社团成果转化中介功能的发挥可以破解新时代下的经济发展难题，通过建立科技社团共同参与的科技中介平台来推动科技成果转化，对推动经济发展具有一定的促进作用。郑晓俊和林鸿燕（2014）发现，科技社团在产学研联盟中发挥着重要的功能性作用，能够突破组织间的限制，降低企业创新风险，在政府、社会、经济、科技等领域的主体间具有桥梁和纽带作用，对于推动科技成果转化具有"润滑剂""黏合剂"以及"催化剂"等重要中介功能。

与此同时，科技成果转化过程中也会受到信息不对称、技术非确定性以及创新价值链割裂等因素的共同影响，甚至产生一定的道德风险。而科技社团与政府、企业以及正式科研机构不同，其公益使命决定了科技社团的功能方向，不仅在科技知识生产和传播中具有重要的作用，同时科技社团作为开放的社会网络，吸引着相关领域内科技人才共同参与，并形成相应的学术共同体，其组织本身具有一定的社会资本和知识资本优势，科技社团能够利用其组织使命和组织优势来构建集成化科技成果转化模式，整合利用相关资源，从而通过其中介功能，在不同主体间发挥桥梁和润滑剂作用，促进科技成果的转化与推广。此外，科技社团在建立产学研联盟中也发挥着重要的中介性作用，科技社团能够运用自身优势改变各学科、各企业间的自我封闭状态，并整合各方资源，转变各自为战、单打独斗的局面，推动科技成果在各主体间有效转化。

根据上述研究综合来看，我国科技社团大体上可以分为枢纽型科技社团和专业型科技社团两类。枢纽型科技社团是指中央及地方各级（省、市、县）科学技术协会，专业型科技社团是指全国性和地方各级（省、市、县）学会、协会以及研究会（含其分支机构），并广泛分布于理、工、农、医以及交叉学科等各学科领域内。

本书的主要研究对象是省级以下的基层专业型科技社团，从其组织定义来看，是科技工作者以及社会志愿者共同组成的科学共同体，科技社团同时也是我国社会组织的重要组成部分，属于科技类非营利性机构。科技社团主要是指通过民政部门备案，接受科学技术协会业务指导的科学类社会团体，或是未在民政部门备案的草根型科学类社会团体，其组织的主要载体为各科技类学会、协会以及研究会。

第二节　科技社团资源依赖行为的概念、目的及作用

一、科技社团资源依赖行为的概念及内涵

从经济学的解释来看资源是指一个国家、地区或组织所拥有的物资、资金以及人才等各类物质要素的总和。资源从其分类上看，主要可以分为自然资源和社会资源两类。自然资源主要指基本的生存性资源，如水、矿产、空气、土地等直接作用于生产和生活的自然要素，而社会资源主要指人、财、物、公信力、信息、知识等非自然性资源。结构化理论认为，社会主体的行为与其所处的社会结构间具有重要的关系，而规制和资源共同影响着社会主体的组织行为，规制确定了社会主体的价值观念、行为方向以及行动程序，对个体和组织行为具有规范性和约束性作用，而资源则表现为社会主体所提供的便利性工具或社会支持要素，并影响着组织的成长（Giddens，1984）。科技社团作为社会主体之一，存在于社会结构之中。因此，资源对于科技社团的发展来说至关重要，科技社团在萌芽、发展到成熟的各阶段生命周期内，需要内外部资源的持续性供给，而政策、人力、资金、办公场所等基础性生存资源是制约科技社团成长的核心要素，同时公信力和社会认可度等非自然性要素对科技社团的生存发展也具有非常重要的影响。但在传统的组织理论研究中，主要是从组织内部规制以及组织成员激励的视角来探讨组织运行效率问题，并没有考虑到外部环境对组织所产生的影响，直到1960年以后，国内外学者发现组织外部环境会对其生存发展产生重要影响，同时组织与外部环境间的关系是影响组织运行的核心要素。

1978 年，美国学者普费弗（Pfeffer）和萨兰奇克（Salancik）提出了资源依赖理论概念，他们认为资源是影响组织生存发展的核心要素，但任何组织在生存发展过程中都无法生产自身所需要的全部资源，必须与外部环境（组织）间进行资源互换，从而获得赖以生存的基础性资源（Pfeffer and Salancik, 1978）。资源依赖可以分为资源分配和权力控制两个维度，资源拥有者掌握资源分配，并对其他组织需求进行回应，但同时对于资源依从组织具有方向性影响（许中波, 2019）。资源依赖理论概念的提出对传统组织理论进行了丰富和拓展，并被广泛运用到政府组织、企业组织以及社会组织的研究之中。在社会组织资源依赖研究方面，国内外学者主要从社会组织与政府、企业以及公民关系的角度对资源依赖的概念及内涵进行了科学阐释。

对于科技社团来说，资源依赖可以分为对称性依赖和非对称性依赖两类。萨德尔（Saidel, 1991）认为，政府与社会组织之间不是完全单方面依从关系，而是双方均可以向对方提供生存发展的重要资源，在资源依赖关系上存在着对称性资源依赖。王敏珍（2011）则发现，科技社团与政府间存在着非对称性依赖关系，而科技社团自身能力不足、内部治理不完善、社会公信力缺失以及政府职能转移缺位、挂靠体制的存在均导致了非对称性资源依赖的发生。陈天祥和朱琴（2019）认为，社会组织与政府之间总体上呈现出非对称性依赖趋势，虽然政府与社会组织各自掌握着对方所需要的资源，但双方资源存在着重要性和可替代性差异，因此两者间出现了非对称性依赖关系。袁泉和黄鑫（2019）发现，社会组织的资源依赖主要对象是政府部门，社会组织在生存发展中所需要的资源较为复杂，不完全是资金、场地等物质性资源，社会组织对于政府所产生的资源依赖关系可以让其获得组织化动员的权力资源，从而拓展社会组织获取外部捐赠的渠道和对象，但同时社会组织在与政府的资源依赖关系中也将属于服从地位。梁灼彪（2019）也认为社会组织与政府之间会存在着资源依赖现象，并表现为社会组织对政府的依附型依赖和两者间的双向依赖。叶托（2019）认为，社会组织资源依赖对象呈现出多元化和单向资源依赖特征，社会组织为了生存和发展，必须从依靠企业、个人以及政府来获取两类重要资源，一是资金、人力等物质性资源；二是社会网络中的结构性地位，但社会组织的外部资源获取具有较高的不确定性。吴磊和谢璨夷（2019）发现，社会组织的资源依赖内容主要表现在人力资源、资金资源、办公空间等基础性资源依赖方面，并在发展过程中对企业存在着单向依赖问题。徐顽强（2015）也认为，社会组织与政府之间存在着非对称性依赖关系，社会组织在合法性资源和资金资源上对政府具有索求依赖，但政府对社会组织存在着选择性依赖，政府对社会组织的公共服务需求取决于其组织能力和组织水平，在公共服务职能委托和转移过程中，更加倾向于选择具有官方背景的大型社会组织。但同时，政府与社会组织的资源依赖关系也并非一成不变的，随着政府在社会组织登记制度、捐赠激励以及监督机制等方面的不断完善，加之社会组织自身能力的不断提升，社会组织与政府的资源依赖关系将逐渐走向对称性依赖。

依赖从其本质意义上来看，是一种在社会情景中的表现形式，人们为了实现自身的期望，需要获取达成期望的特定资源，而这一类资源往往产生在另一群体的手中。因此，个人为了获得这些资源，不得不进行依赖行为。李路路和李汉林（1999）认为，判断一个人是否处于依赖情景，可以从其期望达成过程中，在多大程度上受制于资源拥有者，或者说在期望实现过程中，能够摆脱这种情景的制约程度。资源依赖学派从自然视野的角度出发，认为组织首先是一个利益集合体，为了使自己的目标达成，将会通过内部交换以及与外部环境进行互动来获得自身的利益，完成组织目标。从一定意义上来说，资源依赖行为就是组织内部参与者之间的资源交易，同时也是组织与外部环境间的资源互换。

综上所述，资源依赖行为是指组织作为一个不同利益群体所组成的联合体，为了组织生存发展，不得不从环境中获取关键而稀缺的资源，其依赖和换取资源所采取的行为就是资源依赖行为。科技社团的资源依赖行为是指科技社团在组织生存发展过程中，通过对某一对象的单一性资源依赖以及与外部组织之间的资源互动来获取资源的行为。从其行为特征上看，可以分为单一性资源依赖行为和多元性资源互换行为。同时，科技社团的资源依赖行为不仅包含行为本身，还包括资源依赖的行为动机、过程及其行为结果，且科技社团资源依赖行为内容和行为对象呈现出多元化特征。因此，科技社团的资源依赖行为是一个多维、动态、复杂的系统性综合问题。

二、科技社团资源依赖行为的目的

（一）组织维系

科技社团进行资源依赖的首要目的是维持组织生存，并在生存的首要目标下推动组织的发展。组织维系主要包含两个方面，一是科技社团在社会结构中维持组织生存；二是强化组织，通过采取一系列资源依赖行为模式和手段，使组织在保障基本生存的基础上促进组织的进一步发展，推动组织的目标实现。当前，在创新型国家建设和科技创新驱动的大背景下，中共中央办公厅、国务院办公厅印发的《关于改革社会组织管理制度促进社会组织健康有序发展的意见》中指出，要优先发展行业协会商会类、科技类、公益慈善类、城乡社区服务类社会组织。在自然科学和工程技术领域从事学术研究和交流活动的科技类社会组织可以直接向民政部门依法申请登记。而在过去，科技社团要获得"合法身份"，在向民政部门申请登记之前，还必须找到业务主管单位，没有业务主管单位则无法获得登记认可。科技社团的直接登记制度促进了科技社团的蓬勃发展，但同时，科技社团在发展过程中由于部分组织的自身能力不足，相关制度等外部环境尚未完善，很大一批组织基础性资源无法自给自足，且无法独立获取生存发展的基础性资源，活动开展受限，从而出现了"僵尸社团"等问题，甚至部分科技社团在生存发展过程中"夭折"。因此，科技社团不得不向政府、企业以及社会采取资源依赖行为来维持组织生存发展。

（二）拓展资源获取渠道

随着经济社会的不断发展，市场化环境逐渐形成。对于科技社团来说，要在市场化环境下获得组织生存发展资源主要依赖两个渠道：一是组织自身天然拥有的资源或组织内部能够自给自足，其内部拥有可供组织生存发展的资金、场地、人员等基础性生产要素；二是向外获取资源，利用自身优势获得外部组织资源的可持续性供给，主要包括面向外部网络和社会关系所获得的政策、空间、资本、设备等组织成长资源。而资源依赖行为作为组织与外部环境的互动，不仅可以提升科技社团向内获取资源的效率，在科技社团向外获取资源的渠道拓展中也具有重要的作用。同时，在市场化环境下，科技社团获取资源的途径包括市场化途径和非市场化途径。市场化途径是组织通过资金，向市场购买其生存发展所需的资源，一些面向社会转型的科技社团能够通过向企业和社会出售服务的资源互换方式换取成长资源。当前，大部分科技社团的组织运行资金主要来源于会员的会费，经费来源单一且严重不足，无法通过市场化手段进行资源获取。因此，科技社团主要采取资源依赖行为通过非市场化途径进行资源获取，科技社团在资源依赖行为中会利用社会关系网络来拓展其资源获取对象和获取渠道，或通过资源依赖行为中的妥协、依附等方式来向外部组织进行单向资源索取，用最低成本甚至无偿获得生存发展资源。

（三）提升组织抗风险能力

在组织成长的不同阶段，随着其生命周期的阶段性变化，在萌芽、发展以及成熟的各个阶段内均会受到来自外部环境的不断冲击，而在资源供给不足的状态下，会对组织成长带来显著性影响。而资源依赖行为的发生可以提升组织整体的抗风险能力，组织通过与外部环境（组织）的资源互动，可以获取抵抗风险的重要性成长资源，从而解决组织成长中出现的问题。在单一性资源依赖行为模式下，科技社团的生存发展资源主要依赖政府的直接性资源供给，政府不仅对其组织成长所需资金给予支持，同时在人员、空间等方面也会给予大力扶持，科技社团在单一性资源依赖行为模式下不需要与政府以外的社会主体进行资源互换就能够满足其组织成长的资源需求。但在这一模式下，科技社团的发展也逐渐出现了"行政色彩"浓厚、路径依赖以及功能性作用无法发挥等现实问题。因此，2015 年 7月，中共中央办公厅、国务院办公厅发布了《行业协会商会与行政机关脱钩总体方案》，随着改革步伐的不断推进，政府停止或减少了对科技社团的直接性资源扶持，面对外部环境变化所带来的影响，部分采取单一性资源依赖行为的科技社团开始向多元性资源互换行为转变，通过改变资源依赖对象、转变资源依赖方式等手段提升组织的整体抗风险能力。

（四）建立社会支持网络

科技社团采取资源依赖行为并非完全基于组织生存发展资源的直接性获取，同时资源依赖行为也可以帮助其建立起一个较为完善的社会支持网络，从而通过社会支持网络推动组织可持续性成长。社会支持可以分为客观社会支持和主观社会支持，客观社会支持是物资援助、组织关系改善以及人脉网络建立等，而主观社会支持则是指组织获得其他社会主体的认同、尊重和理解等情感方面的支持。在新时代下，随着社会结构的不断变迁，社会结构中的主体逐渐呈现出多元化趋势，政府、企业、社会组织、社会公众共同参与社会治理和社会服务，且多元主体间存在着复杂的互动关系。对于科技社团来说，无法在多元化社会网络中独立于其他社会主体存在并发挥自身作用。科技社团成长不仅需要客观社会支持，同时更需要获得主观社会支持，科技社团的社会支持网络越强，就越能更好地应对外部环境的挑战。因此，如何获得其他社会主体的支持是科技社团生存发展过程中的重要问题。在单一性资源依赖行为下，科技社团建立的社会支持网络主体较为单一，主要通过依附等方式来获得政府的权威性支持，但在多元主体的社会结构下，科技社团同时可以通过多元性资源互换行为来与企业、社会公众间进行互动，从而获得社会支持，并建立起多元化社会支持网络。

三、科技社团资源依赖行为作用

（一）获得显性资源

显性资源是指具有显著的物质形态，并对组织生存发展具有重要战略性意义的资源要素，主要包括物质资源和人力资源。科技社团资源依赖关系建立及其行为发生对组织显性资源的获取具有重要的促进作用，科技社团通过资源依赖行为可以获得物资、人员以及资金等显性资源要素。显性资源不仅维持着科技社团的组织成长，同时也决定着科技社团的核心竞争力。具体来看，科技社团资源依赖行为首先会作用于组织的物质资源获取，在物质资源获取方面，科技社团主要通过向内和向外两种资源依赖行为方式来发挥资源获取作用，科技社团会与内部会员间建立资源依赖关系，主要表现在会费收取方面。科技社团还会向内部精英会员或企业会员提供服务从而争取额外的资金资助，在部分科技社团中，会员还能够向组织提供办公场所等组织运行和活动空间。在向外的资源依赖行为方式中，科技社团主要通过依附式依赖获得政府的资金扶持或办公场所等。同时，一些独立向企业和社会提供科技类服务的社会组织，会通过互换式依赖行为向外部组织提供服务从而换取组织生存发展的基础性物质资源；此外，科技社团资源依赖行为对其组织的人力资源获取也具有显著的促进作用。科技社团通过资源依赖行为，不仅能够获得政府为其提供的人力资源支持，在与社会公民所建立的资源依赖互换行为上，社会公民在获得科技社团服务的同时也会激发其自身的志愿精神，从而为科技社团带来相应的志愿者资源。

（二）获得隐性资本

与显性资源不同，科技社团资源依赖行为同时会促进其隐性资本的获取，主要包括合法性认可、政策支持、权威性赋予以及社会公信力提升等。科技社团能否在法律认定的范围内有效开展组织活动，首先需要获得组织身份的合法性认可。在我国，科技社团的合法性认定来源于政府相关部门，政府管理部门主要从身份合法性和活动合法性两方面对科技社团进行管理，科技社团的身份合法性需要获得民政部门的批准，而活动合法性则需要获得相关管理部门和业务指导单位的认定，且合法性认定这一隐性资源具有不可替代性。因此，部分科技社团采取依附式、服务式资源依赖行为与政府建立资源依赖关系从而获得合法性资源。科技社团与政府建立了资源依赖关系，同时也有利于其获取相关的政策支持。近年来，政府对于社会组织的扶持和培育逐渐从过去的直接资源供给转变为职能转移或委托购买服务模式。大量研究表明，政府与社会组织间存在着非对称性依赖关系，政府对于社会组织的职能转移和公共服务购买具有选择性依赖。同时，基于中国特殊国情，科技社团的权威性资源并非完全来自其自身的专业水平，而政府对于科技社团的行政职能转移，让科技社团承担了一些过去由政府部门管理的职业资格认定、教育培训等事务性工作，在一定意义上也使科技社团获得了相应的行政权威。在这一背景下，社会组织通过与政府建立单向资源依赖关系来寻求政府的职能转移和委托购买项目，从而提升其政策资源和行政权威资源。此外，科技社团通过互换式资源依赖行为，在为政府、企业以及社会公民提供服务的同时也有利于其社会公信力资本的提升。

第三节　科技社团资源依赖行为治理的必要性

党的十九届四中全会提出："完善科技创新体制机制。""加快建设创新型国家。"❶ 党的十八届五中全会公报也提出："深入实施创新驱动发展战略，发挥科技创新在全面创新中的引领作用。"❷ 在创新型国家建设中，科技创新已经成为助推经济社会健康、快速发展的新动力。十八届三中全会审议通过的《中共中央关于全面深化改革若干重大问题的决定》提出："激发社会组织活力。""适合由社会组织提供的公共服务和解决的事项，交由社会组织承担。""重点培育和优先发展行业协会商会类、科技类、公益慈善类、城乡社区服务类社会组织。"❸ 纵观世界各国的科技发展历程，科技社团参与科技服务在客观上促进了国家科技创新的发展。科技社团作为承接政府科技服务职能的重要载体，从本质上看，是社会生产力和科技水平发展到一定阶段的必然产物，科技社团将学科发展自然规律与科技工作者自我价值实现进行了有机结合。在创新驱动视域下，政府转型和社会分工日益细化已经成为必然趋势，科技社团作为公共服务供给的新主体，所具备的独特优势也受到各方关注。

2016—2018 年，中共中央办公厅、国务院办公厅相继出台了《关于改革社会组织管理制度促进社会组织健康有序发展的意见》《关于通过政府

---

❶ 中共中央关于坚持和完善中国特色社会主义制度　推进国家治理体系和治理能力现代化若干重大问题的决定 [R/OL]. (2019 – 11 – 05) [2020 – 01 – 05]. http：//www. gov. cn/zhengce/2019 – 11/05/content_5449023. htm.

❷ 中国共产党第十八届中央委员会第五次全体会议公报 [R/OL]. (2015 – 10 – 29) [2019 – 10 – 30]. http：//www. xinhuanet. com//politics/2015 – 10/29/c_1116983078. htm.

❸ 中共中央关于全面深化改革若干重大问题的决定 [R/OL]. (2013 – 11 – 15) [2019 – 11 – 12]. http：//politics. people. com. cn/n/2013/1115/c1001 – 23559207. html.

购买服务支持社会组织培育发展的指导意见》等政策来鼓励和扶持科技社团发展。根据中国科学技术协会的数据显示，截至2018年，中国科协所属全国科技社团有210家，从业人员3825人，个人会员为466.9万人，团体会员56000个；各省、自治区、直辖市科技社团已达3462家，从业人员31406人，个人会员为642.8万人，团体会员202000个。全国专兼职科普工作者和注册科普志愿者已达270.5万人，科技社团及其参与人数大幅提升。但《社会组织蓝皮书：中国社会组织报告（2019）》认为："从宏观上看，虽然社会组织总量有所增加，但增速却下降了约1.3%，社会组织发展正从高速度发展阶段向高质量发展阶段转型。"

在我国科技社团的发展历程中，资源依赖行为在一定程度上推动了组织自身的发展，但同时也产生了一系列问题，不同的资源依赖行为对科技社团的生存发展带来了不同的影响，甚至对其自身能力建设和发展壮大产生了一定的阻碍作用。因此，亟待对科技社团资源依赖行为给予科学回应。通过科技社团资源依赖行为研究，对于破解我国科技社团生存发展困境，提升科技社团专业化水平和服务能力，推动科技社团参与创新型国家建设，为世界科技社团建设贡献中国智慧和中国方案具有重要的现实意义。

一、引导科技社团可持续健康成长的必然选择

2019年3月5日，第十三届全国人民代表大会第二次会议召开，李克强总理在《政府工作报告》中指出："引导支持社会组织、人道救助、志愿服务和慈善事业健康发展。"❶科技社团作为科技类社会组织，从宏观上看，在推动中国科学技术发展，加速科技成果转化，促进科技与经济、科技与社会的相互融合中发挥着重要作用；从微观上看，科技社团作为连接政府、企业、社会和科技工作者间的重要纽带和桥梁，在学术交流和向社会提供科技公共服务中同样也发挥着不可替代的作用。当前，虽然我国在

---

❶ 李克强：2019年国务院政府工作报告［R/OL］.（2019－03－05）［2019－08－16］. http：//www.gov.cn/zhuanti/2019qglh/2019lhzfgzbg/index.htm.

加强科技类社会组织培育，引导社会组织健康成长过程中不断完善制度供给，并出台了相关支撑性配套文件，但资源问题一直是制约中国科技社团生存发展的核心要素。近年来，科技社团的资源依赖行为在一定程度上拓展了组织的资源获取空间和获取渠道，推动了组织成长。但在资源依赖行为演化过程中也出现了一定的乱象，同时给科技社团的可持续发展带来了风险性问题，科技社团中出现了大量的"僵尸组织""非法组织"，很大一部分科技社团在成长过程中"夭折"。组织发展整体呈现能力不足、活力缺失以及对体制依赖性强等特征。因此，需要从资源依赖的角度对科技社团的生存发展问题进行研究，并对其资源依赖行为进行有效治理，从而引导科技社团可持续健康发展。

二、发挥科技社团功能性优势的重要途径

在国家治理能力和治理体系现代化建设的进程中，需要调动一切积极力量参与社会治理和社会建设。在新时代下，社会组织被纳入"五位一体"总体布局，社会组织与人民团体、企事业单位一起被视为在党的统一领导下，协调行动、增强合力的九大主体之一，成为新时代参与社会治理的重要力量。中国科技社团作为科技类社会组织，在参与科技治理、承接政府科技类公共职能中具有独特的组织优势。2015 年 5 月，中共中央总书记、国家主席、中央军委主席、中央全面深化改革领导小组组长习近平同志主持召开了中央全面深化改革领导小组第十二次会议，会议审议通过了《中国科协所属学会有序承接政府转移职能扩大试点工作实施方案》。《方案》明确提出："按照深化改革的有关政策规定，科技评估、工程技术领域职业资格认定、技术标准研制、国家科技奖励推荐等工作，适合由学会承担的，可整体或部分交由学会承担。""政府部门有关职能中涉及专业性、技术性、社会化的部分公共服务事项，适合由社会力量承担的，可通过政府购买服务等形式委托学会承担。"但在政府转变职能，深化行政体制改革的进程中，科技社团作为承接政府职能转移的社会服务主体，是否具有承接科技公共服务职能的能力，逐渐成为管理者和学术界共同关注的核心问题。越来越多的管理者意识到，在政府职能的转移过程中，科技社

团能否"承接得住、承接得好"是当前需要关注的重点问题。

当前，基于资源要素制约，中国科技社团在生存发展中存在着诸多障碍和现实问题，其功能性作用无法得到很好发挥。中国科技社团与国外科技社团的发展状况相比，无论是生存状态还是社会服务能力都存在着一定差距。国外成熟型科技社团已经从单纯的"学术型团体"向"社会服务型团体"转变。而我国大部分科技社团仍处在"求生"边缘，资源供给严重不足，组织呈现出"自我化生存"的半封闭状态，更不具备面向社会提供产品和公共服务的能力，基本都在政府的"让渡"空间里"依附生存"，与社会"绝缘"，组织作用无法发挥。因此，在新时代下破解科技社团发展困境，需要首先从资源的角度来解决其生存发展问题，从而扩展其发展路径，发挥科技社团的优势性作用。

三、建设创新型国家的时代诉求

习近平总书记在党的十九大报告中指出："创新是引领发展的第一动力，是建设现代化经济体系的战略支撑。"❶ 在新时代下，需要以科技创新来引领经济社会发展。习近平总书记提出："推进以科技创新为核心的全面创新。"❷ 在建设创新型国家的进程中，涉及生产力和生产关系的全要素、多方面的创新，而其中最核心、最重要的是科技创新，必须建立起国家创新体系，而科技社团在国家创新体系建设中具有重要的地位。国内外的大量研究表明，科技社团不仅是推动现代科技进步的重要力量，同时也能够维持国家创新体系的良好运转。科技社团作为科技工作者组成的柔性科学共同体，具有知识密集型组织特征，能够通过学术交流和科学普及等方式激发科研人员的原始创新和推动相关科技领域的基础性研发，并提升全民科学素质，解决城乡发展中公民科学素质不平衡等问题，为创新型国家建设奠定基础，进而推动科技与社会相融合。同时科技社团还能够发挥

---

❶ 习近平：决胜全面建成小康社会　夺取新时代中国特色社会主义伟大胜利——在中国共产党第十九次全国代表大会上的报告［R/OL］.（2017 - 10 - 27）［2019 - 08 - 11］. http：//www. xinhuanet. com/2017 - 10/27/c_1121867529. htm.

❷ 中共中央文献研究室. 习近平关于科技创新论述摘编［M］. 北京：中央文献出版社，2016.

自身的中介作用，促进科技成果在国家创新体系中的各主体间流通和转化，提升科技成果转化效率，进而推动科技与经济相融合。因此，需要对当前科技社团存在的生存发展问题进行科学解释，并从科技社团资源依赖行为治理的角度，对其资源依赖行为进行探索和优化，从而破解科技社团的生存难题，提升科技社团的组织能力和服务水平，促进科技社团在创新型国家建设中的功能发挥。

综上所述，本章首先对科技社团的概念进行了梳理和总结，从科技社团的组织类别、组织属性、学科分布以及纵向层级等方面对科技社团的类型进行了科学划分，并对科技社团的非营利性、志愿性、公益性、中立性以及专业性组织特征进行了分析，从学术交流、决策咨询、科学普及、科技评价与行业规范、维权以及科技成果转化中介等方面对科技社团的功能进行了深入探索；其次对科技社团资源依赖行为的概念、目的及作用进行了深入研究，发现科技社团资源依赖行为的目的主要是为了组织维系、拓展资源获取渠道、提升组织抗风险能力以及建立组织的社会支持网络。科技社团资源依赖行为可以为其带来显性和隐性资源，在一定程度上推动了组织自身的发展。但同时，科技社团的资源依赖行为也对其自身能力建设和组织发展壮大产生了一定的阻碍作用。因此，本章最后对科技社团资源依赖行为治理的必要性进行了分析和阐述。科技社团资源依赖行为治理是引导科技社团可持续健康成长的必然选择，同时也是发挥科技社团功能性优势的重要途径，更是建设创新型国家的时代诉求。

第二章　科技社团资源依赖行为的理论基础

近年来，组织成长中的资源问题受到专家学者和管理部门的共同关注，国内外学术界对于组织间资源依赖关系的理论研究成果较为丰富。但同时，将科技社团作为"行动者"，对其生存发展中的资源依赖行为问题展开研究尚不多见，基础理论较为薄弱。基于此，本章主要从管理学、社会学以及心理学等学科中汲取相关理论成果，对研究中所运用的基础理论如资源依赖理论、组织成长理论、社会资本理论、组织行为理论等进行理论阐述和理论借鉴，为本书的后续研究提供扎实的理论支撑和分析工具。

第一节　资源依赖理论

一、资源依赖理论概述

在组织理论研究中，存在着"封闭系统"与"开放系统"两种组织理论研究模式。在封闭系统模式下，主要关注于组织内部运行的规则、制度、层级以及如何对组织成员进行有效激励等方面的问题，较少考虑组织外部环境对其所产生的影响。主要代表理论有韦伯的科层制理论，马斯洛、斯金纳等人提出的激励理论等。随着组织理论与实践的不断发展，学者们越来越注意到组织并非孤立存在的，而是存在于社会开放系统之中，经济、政治、文化等外部环境因素的变化会给组织成长带来显著影响，组织在生存发展中必须考虑与外部环境之间的关系，并与社会系统中的多元主体进行互动，才能适应外部环境所带来的变化以及抵御环境变化给组织所产生的冲击。在将组织纳入开放系统的理论研究中，逐渐形成了权变理论、新制度主义理论、种群生态理论以及资源依赖等重要理论学派。资源依赖理论作为开放系统模式下的重要理论之一，被广泛运用到政府、企业以及社会组织的研究中。

资源依赖理论（Resource Dependence Theory，RDT），产生于 20 世纪 40 年代。1940 年，西方管理学研究的奠基性人物塞尔兹尼克（Selznick）在对美国最大的公共机构——田纳西河流域管理局（Tennessee Valley Authority，TVA）进行的案例研究中发现，田纳西河流域管理局虽然给美国南方的农村地区带来了电力和先进的农业技术，但田纳西河流域管理局在运营过程中，其组织绩效受到当地精英群体的严重影响，田纳西河流域管理局做出了组织决策，将南方的地方精英吸纳到其决策机构中，只有这样，组织的运营绩效才能得到相应的保障。同时，组织并不能依靠自身而得到完全的资源保障，而是一个不断适应外部环境的社会产物，组织在外部环境的作用下不断地进行着决策，发生着变化。组织与外部环境的互动行为被称为"共同抉择"（Selznick，1949）。20 世纪 50 年代末期，汤普森（Thompson）和麦克埃文（McEwen）在塞尔兹尼克研究的基础上经过进一步分析认为，联盟、商议以及共同抉择是组织间合作的三种主要模式（Thompson and McEwen，1958），汤普森（Thompson，2017）认为组织之间存在着权力依赖，依赖组织和被依赖组织间的依赖程度与依赖组织向被依赖组织所提供的资源需求度呈正相关，而与其他无法提供该资源的组织呈反相关。1970 年，扎尔德（Zald）在政治经济视域下对组织的变迁过程和方向进行了阐述，认为组织将通过正式联盟和非正式联盟来进行资源垄断或资源合并，而从联盟的类型上来看，组织间的联盟拥有横向和纵向两种模式（扎尔德，1970）。

20 世纪 70 年代末期，美国著名学者普费弗和萨兰奇克（Pfeffer and Salancik）共同出版了《组织的外部控制》一书，在两人合著的著作中，首次将资源依赖理论运用于组织之间的关系研究。在传统的组织研究中，学者们主要以新制度主义理论作为组织研究的理论支撑。早期的新制度主义理论学派认为一个组织的结构主要是基于制度环境的压力而变得具有相似性，认为组织在制度环境面前往往处于被动或从属地位，一个组织在其结构形成过程中并非是主动设计的结果，组织在制度环境的影响下将不得不适应外部环境。而随着资源依赖理论的不断发展，其研究视角主要关注于组织间的关系与组织变迁，该理论学派也逐渐成为组织研究中的重要流派。普费弗和萨兰奇克（1978）提出，在组织研究中，不应简单地将一个组织视为完成任务的工作者，组织并非全部都是由信念、文化、认同以及制度而形成的群体性机构，而应该将组织作为一个政治行动者来进行探讨。

二、资源依赖理论研究假设

资源依赖理论提出了四个重要的核心假设：第一，任何一个组织的首要目标都是生存。因此，组织发展的基础是生存，生存是所有组织发展的第一要素；第二，组织为了生存，必须需要资源的不断供给，但无论是什么组织，其自身都无法生产或满足生存所需要的全部资源；第三，生存本身就具有依赖性，组织在某一生存环境中，必须与环境中的其他主体进行互动性依赖。简单地说，组织为了生存，必须不断地与其他组织进行交换或者互动，从而获取自身生存所需要的资源；第四，组织的生存需要提升自身的能力水平，而能力不仅仅是传统意义上的，由于组织生存依赖性的存在，任何组织生存能力的核心都在于该组织如何改变、控制与其他组织之间的关系，组织能力影响着组织的生存和发展。如表 2 - 1 所示。

表 2 - 1 资源依赖理论研究假设

理论	假设 1	假设 2	假设 3	假设 4
资源依赖理论	组织的首要目标是生存	无论是什么组织，其自身都无法生产或满足生存所需要的全部资源	组织为了生存，必须不断地与其他组织进行交换或者互动来获取资源	任何组织生存能力的核心都在于该组织如何改变、控制与其他组织的关系

资源依赖理论认为，组织首先是一个开放性的系统。在组织的生存过程中，需要不断地设计和改变自身的行动策略来获取生存所需要的各项资源以便维持其在环境中的生存状态。当外部环境产生变化，竞争性因素增

加、环境可预测性降低或者政策法规进一步规范后，组织将会与其他团体或掌握资源的群体进行联盟，进行资源的交换和获取，从而降低对外部资源环境的依赖程度，并寻求一个特定程度的资源掌控权，避免被动地受到外部资源的控制和自身的过度依赖。同时，资源依赖理论在传统的新制度主义理论基础上认为，组织虽然处于外部环境的影响中，但除了传统新制度主义理论所认为的被动服从环境，大部分组织将会通过自身积极的行动策略来进行资源互动，不断地调整组织对环境的依赖程度。组织合法性、经费、人才、技术投入以及客户是一个组织生存所需要的重要资源，并且在组织之间的资源依赖关系度上受到三个重要因素的影响：第一，该项资源对组织生存所起到的决定性作用；第二，该项资源是否存在可替代性，以及替代资源是否能够获取；第三，组织所能够获得该资源的可能性或者能够使用该资源的程度。资源依赖理论假设在一个组织中，亟需某一类型的专业资源（如人力、技术资源），而该专业资源本身在组织中处于稀缺性地位，且具有不可替代性，无法用其他的技术来替代，那么该组织对于拥有该项专业资源的组织则具有高度依赖性。此外，资源依赖理论发现，一个组织中不仅存在对外部环境的依赖，同时组织作为共同集合体，其内部也存在着交换和相互依赖关系，所有参与该群体的成员自身所拥有的资源（如学历、能力、社会资本等）不一样，其对组织的贡献也不相同，往往一部分参与者对组织的贡献比另一部分要高，或者更能推动组织发展，在这样的关系下，将会不断地进行相互依赖和相互交换。同时，组织成员内部间的价值或者说影响力就已经区分开来了。那些社会资本丰富、能力出众的组织成员不仅可以为组织的生存提供必需资源，同时这些组织成员在组织中拥有更大的控制力，组织成员在组织中控制力的高低取决于组织其他成员对其所提供资源的依赖程度。

三、资源依赖理论的主要观点

作为研究组织行为和组织关系的重要理论基础，资源依赖理论同时也认为，组织之间也存在着资源相互依赖的关系。在实际活动中，不仅一个组织与另一组织间存在着"单向依赖"，更多的时候两个组织之间呈现出

"互动性依赖"的状态。在两个组织"互动性依赖"行为中，任何一方所掌握对方所需的资源高于另一方时，组织间的权力将会呈现不平等状态。在资源依赖过程中，组织通过对外部资源的获取而产生了依赖性，而拥有资源的群体则会对组织提出符合它们自身利益的要求，因此拥有资源的组织对获取资源的组织产生了外部控制，同时也拥有了对组织的决策权。正是组织的这种资源依赖性质导致了外部环境对组织行为的控制和限制无法避免。组织间存在着两种相互依赖的主要模式：竞争性依赖和共生性依赖。资源是组织与组织间相互联系的决定性因素，在同一个市场中，各组织具有自身的使命和目标，它们之间存在着竞争性相互依赖。而在共生性依赖状态中，由于组织外部控制的存在，依赖组织受到被依赖组织的条件限制和压力塑造，而这一行为的根源则来自共生性依赖模式下的非对称性，组织双方都拥有各自所需要的资源，而由于资源的稀缺性或不确定性以及不可替代性的本质属性存在，导致资源在组织双方的交换过程中变得不平等，进而产生了非对称性的共生依赖。正是由于这种状态的存在，被依赖组织将获得相应的权力优势，并加强了其对依赖组织的生存影响。

资源依赖理论认为，一个有效的组织将会根据外部环境来不断调整自身的行为，根据环境（其他组织）的需求做出回应，从而在环境（其他组织）中继续获取生存资源，形成一个良性的资源依赖行为互动模式。资源依赖理论能够在一定程度上预测组织行为。在实际环境中，往往大部分组织是迷茫和无知的，无法做出正确的战略性资源依赖设计，导致组织的资源依赖行为最终影响组织的生存。因此，资源依赖理论在后期较多地关注组织的行动策略，加强组织的能动性。如果一个资源依赖性较强的组织无法对外部环境（其他组织）的需求进行有效的回应，那么它将会逐渐地被市场和环境所淘汰，无法继续运行。基于此，资源依赖理论认为，组织应采取积极的行为来适应依赖环境，不断改变自身的战略从而对非对称性依赖状态进行优化，增强自身资源获取的多样性和稳定性，保证组织自身的权力影响力。在依赖行为过程中，为防止组织自身自治权的消失，组织应采取消除影响的战略性手段进行资源依赖的削弱，在面对不可替代资源的情况下，组织无法进行资源替换，则必须改变自身或改变外部环境让外部环境来适应组织。

四、资源依赖理论在科技社团研究中的进展

吉登斯（Giddens，1981）将资源定义为能够促使事情发生的无形但又无处不在的能力（capabilities of makingthings happen），也有人将资源理解为某种能够用于交换的具有物质或非物质形态的有价物。科尔曼（Coleman，1990）认为，人们在社会中需要满足其自身需要，而满足其自身需要的物品即为资源。普费弗和萨兰奇克（Pfelfer and Salancik，1978）提出，应该将组织作为一个开放系统来认识，需更加关注自然视野中的组织及参与者的行为过程，而非其行为打算。资源依赖理论提出，关于对组织的深入探讨应以组织开放性为前提，深入分析了组织之间的相互关系和外部环境对组织生存发展的影响。组织在和社会环境互动过程中，将会积极主动适应环境并希望在适应环境过程中能够占据主动地位而不是做一个被动的接受者。组织资源的依赖程度决定了对资源的需求程度。组织的生存能力在于其与资源拥有者进行谈判的能力，组织需要自我改革以更好地获取资源从而改变自身生存困境，促进自身发展。组织在资源获取中，可以通过结盟等方式来确保资源获取的可靠性。近年来，国外学者将资源依赖理论运用到组织管理（以企业行为为主导）的研究中，主要以赫尔曼和戴维斯（Hillman and Davis）为代表。赫尔曼（2009）对资源依赖行为中五个主要行为进行了分析，而戴维斯（2000）不仅回顾了理论产生的背景和发展的过程，还对未来的研究方向进行了建议。

目前国内外学术界对科技社团的资源依赖方面的研究主要集中于资源依赖发生、资源依赖类别以及科技社团与政府、企业、社会之间的依赖关系，并从关系研究出发，分析科技社团生存发展中资源需求、提升自身专业化服务能力的途径以及承接政府转移职能所采取的策略性行为。

（一）在科技社团资源依赖发生方面

钟书华（2009）认为，描述自然是科学的第一步，然后是解释自然，最后才是预测自然，整个过程遵循"是什么""为什么""怎么样"的逻辑顺序。科学的任务是促进知识增长，而技术的使命是对自然进行变革创

造和利用，解决"做什么""怎么做"，使知识得到应用。科技社团在促进知识增长中发挥着重要的作用。危怀安等（2012）通过对科技社团的研究发现，在当前的环境下，科技社团已经成为国家创新体系中的重要组成部分。科技社团基于自身生存发展需要，会对外部组织产生资源依赖。科技社团在发展初期，自身能力较为弱小，组织成长会受到社会环境等方面的影响，其资源依赖行为的主要对象是社团的挂靠单位或政府相关部门，科技社团通过与挂靠单位和政府部门建立的资源依赖关系，能够获得政策、资金、人员等方面的支持，同时政府在政策方面也会对科技社团进行倾斜。对于规模较小、自身动能不足的科技社团来说，一旦外部组织对其减少或停止支持，将导致组织无法正常运转，而在一些规模较大的科技社团中，由于组织经费来源丰富，具有自主生存的能力，对于外部组织的单向依赖将会降低，与规模较小的科技社团间呈现出资源依赖分化的现象（徐顽强等，2018）。胡经纬（2018）也认为，科技社团在生存发展中，环境因素对于其组织成长形成了外部作用力，而科技社团为了适应外部环境的变化，需要对政府产生资源依赖，从而获取成长资源。可以说，资源依赖会发生于任何一个科技社团之中。李长文和乜琪（2017）也发现，科技社团会通过对政府（挂靠单位）的资源依赖来获取维系组织生存发展的资源和利益，但同时在依附性科技社团中也会出现内卷化问题，在依附型资源依赖的影响下，科技社团无法超脱对政府相关部门的资源依赖，同时缺乏自我发展的条件和能力，科技社团的现有发展方式难以转变，无法产生实质性增长，其发展过程将会遇到"瓶颈"。此外，国外一些学者进一步指出，除了制度环境对社会组织的影响，国家发展的宏观背景、中央政府的政策导向、监督部门的监管力度等因素也是导致社会组织进行资源依赖行动选择的重要影响因素。国外的部分学者运用战略联盟理论对社会组织的行为动机进行分析，组织之间的关系成为影响组织行动选择的关键变量。有些学者指出，"联盟"根本的目的在于获得最大利益，一方面选择能够为代表自身利益的政治家为其获取更多政治资源，另一方面与其他附属性社会团体结成联盟，进一步增强集体行动能力。邓宁华（2011）认为，发源于体制内非营利组织将会对政府与社会进行双重依赖，如果需要在社会中获得生存发展资源则必须首先争取到权威部门的合法性支持。邓莉雅和王金红（2004）认为社会组织在生存发展中，资源是其组织的核心基础，资源是维持社会组织的生命源。社会组织在发展过程中，需要拥有合法性、资金等社会资源才能在社会网络中运行。

（二）在科技社团资源依赖类别方面

在科技社团资源依赖的类别方面，专家学者认为科技社团的资源依赖主要分为经费依赖、人才依赖以及法律依赖等诸多方面。张婷婷和王志章（2014）认为，科技社团在发展过程中面临着资源困境，科技社团所存在的人才、经费等方面的问题制约着科技社团功能的发挥。他们通过对重庆市科技社团的调研发现，重庆市科技社团对挂靠单位和科协的经费依赖性较大，科技社团在资源方面的依赖影响着其组织的独立性。王春法（2012）则认为，当前科技社团的人事、经费的主动权掌握在挂靠单位手中，而社团登记、年检等事务性工作归口于各级民政部门，虽然科技社团有较强意愿参与社会服务，但有关政府部门对这种参与意愿并没有积极给予反馈。陈建国（2014）认为，当前我国政府在科技类公共职能转移上还有待提高，原本属于科技类社会组织的公共性事务仍然掌握在政府手中，导致了科技社团活动空间有限。龚勤等（2012）在对科技社团的调研中发现，科技社团在承接政府职能转移上还依赖于政府的选择，科技社团无法获取资源的原因是政府没有将权力下放。李靖和高崴（2011）在研究中发现，当前我国科技社团普遍缺少经费保障，缺少经费解决的途径，导致科技社团对挂靠机构过于依赖，不利于其掌握话语权，且缺少适宜的政策环境。徐顽强和朱喆（2015）认为，科技社团在适应环境变化方面缺乏组织能动性和主动性，科技社团在经费来源上较为单一，组织中专职人员不足等原因制约着科技社团的组织发展。杨红梅（2011）通过分析发现，科技社团在资源获取上，挂靠单位对其资源的影响较大，而其核心竞争力才是科技社团在经济社会中赖以生存的重要资源。张国玲和田旭（2011）认为，我国科技社团在发展阶段，资金缺失是影响其组织发展的重要因素。而科技社团在资金匮乏的情况下，无法取得生存发展，且经济独立性较差。陈建国（2015）认为政府在职能转移上将会倾向于把职能转移给可以受到自身控制的社团，因此，政府的职能转移也影响着科技社团的生存发展。

（三）在科技社团和政府的资源依赖关系方面

萨拉蒙和安海尔（Salamon and Anheier，1992）提出了政府—非营利组织关系理论。该理论认为，资金筹集和服务提供能力影响着非营利组织与政府之间的关系。同时，通过这两种能力并结合不同的制度背景，得出政府主导、并存、合作和 NPO 主导的四种基本关系模式。克福默（Kramer，1993）认为政府与非营利组织的互动按照双方积极程度可以分为资源性、规则性、服务性和政治性等四个层次。

汉斯曼（Hansmann，1980）将非营利组织与政府之间的关系视为互补关系，其前提是双方之间是相对独立的个体，将通过建立互利共赢的伙伴关系（partner ship）来实现优势互补，认为非营利组织是政府在提供公共服务过程中出现空缺后的补充（fill the gap or vacuum）。丹尼斯（Dennis，2000）对政府和社会组织关系的主流理论进行了梳理和归纳，认为两者的关系主要可以分为补充、互补和对抗等三种类型。政府需要非营利组织提供一些服务，是因为非营利组织在与边缘群体的互动上比政府更具有亲和力。非营利组织相对于政府来说，信任度较高，政府通过此方式，可以提高公共服务的效率。萨拉蒙（Salamon，1987）认为，政府的优势在于资金来源稳定，非营利组织的优势在于公共服务的提供有效性高于政府，因此双方成为互补的合作伙伴。非直接性的公共资源供给在政治上无法获得肯定，政府是非营利组织的资金资助者而不是配置者。

吉德龙等（Gidron et al.，1992）提出非营利组织与政府之间的关系处于对抗状态，两者在很多社会活动中处于一种竞争关系。因此，部分非营利组织在发展过程中成为反对政府的工具。在政府与非营利组织的目标研究方面，南杰（Najam，2000）基于前人的研究成果提出了非营利组织与政府之间的 4C 模式，认为非营利组织与政府之间主要通过合作、冲突、互补以及笼络等模式来进行互动。克雷默（Kramer，1981）认为非营利组织在与政府的互动中，由于政府拥有的资源比例较高，因此相对于非营利组织，政府在关系的处理上具有很重要的优势，而非营利组织则只能在政府的缺位领域进行填补。如果非营利组织与政府的宗旨无法找到契合点，必然会引发冲突。而在两者的冲突发生后，来自资源、权力以及势力等方面的冲突尤为明显。非营利组织与政府之间都会采取各自的行为策略来达到组织目的，政府通过权威性来对非营利组织的行为进行约束，而非营利组织则通过履行对民众的承诺来向政府游说，从而达到组织目标。

但布林克奥夫（Brinkerhoff，2002）曾指出这种"伙伴关系"过于泛滥和笼统，主张从组织认同（organization identity）和依赖关系（mutuality）两个维度进一步深入分析非营利组织和政府之间的微妙关系，在研究中通过对两者之间伙伴关系形态的研究，从根本上与其他类型关系进行了区分。比如合同型（contracting）、延展型（extension）以及吸纳型（gradual absorption or co – optation）关系。有学者也将资源依赖理论直接用于分析非营利组织与政府的互动关系中，克里摩维克（Herimovics，1993）通过资源依赖理论分析发现，非营利组织在与政府的关系互动中注意力主要集中在对政府的资源获取上，并通过这些资源来达到组织目标。萨德尔（Saidel，1991）对纽约州的 80 名非营利组织和 73 名政府管理者的访谈发现，政府与非营利组织之间彼此都存在着资源需求，认为两者之间是一种对称性依赖关系。政府与非政府组织之间的关系维持在于两者之间互相掌握了对方所需要的重要资源，政府与非政府组织间并不是完全的命令与服从关系。

国内也有许多学者通过资源依赖理论对非营利组织与政府间的关系进行阐述。徐顽强（2012）通过对政府和慈善组织之间的关系研究发现，政府与慈善组织的关系从宏观上来看属于"共生关系"，因为两者间都掌握了各自所需的生存发展资源。但政府对于慈善组织存在着多向选择，而慈善组织在合法性等资源上对政府存在着决定性依赖。因此，在这样一种关系下，政府与慈善组织中的非对称性共生将影响慈善组织的生存发展。徐宇珊（2008）在对中国基金会的调研中发现，中国基金会与政府间是一种非对称性依赖关系，政府对于基金会的依赖程度较小，而基金会需要政府在各方面的资源扶持。在其研究中，构建了政府与基金会之间的非对称性依赖框架，并运用理论框架对两者之间的关系进行了解释。叶劲松

（2005）发现，行业协会只能在一些专业性领域中提出组织观点，而在专业领域之外无法对政府进行监督约束。汪锦军（2008）在对浙江民间组织的调研中发现，民间组织需要向政府寻求各方面资源的扶持，从而扩展其生存空间，民间组织和政府间处于"非平衡依赖关系"，两者在公共服务方面很少进行互动。王诗宗等（2014）发现社会组织的资源独立性与自主性成正相关。范明林（2010）认为，非政府组织与政府的互动关系并非一成不变，而自主性、自治性和契约化程度成为非政府组织与政府互动关系中的主要衡量指标。

李熠煜和佘珍艳（2014）认为，在现行的国家—社会二元格局下，农村社会组织难以在体制外发展，需要得到政府对其合法性的认可。在资源依赖视角下，农村社会组织的发展模式也是通过与政府构建合作治理模式，通过建立健全相应法律法规，提供给可供政府购买的公共服务，来不断提高组织自主性，加强组织自身能力建设等方式促进双方发展，农村社会组织与政府间存在着相互依赖。廖静如（2014）通过对孤残儿童慈善救助事业进行分析发现，由于政府在孤残儿童慈善救助事业上的服务缺位，需要慈善组织来弥补其服务空缺，民间慈善组织不仅具备填补政府公共服务空白的动机，同时也具备一定的公共服务能力，但需要政府在政策和资金上加以援助。慈善组织与政府间处于资源互补的状态。姜裕富（2011）通过对农民专业合作社的研究认为，合作社产生于乡村社会，但是在人员组成、活动方式、资源获取等方面与基层党组织有着密不可分的关系。根据资源依赖理论的分析，农村基层党组织与合作社之间建立的合作关系具有互补性，并以实现互惠双赢为目标。

（四）在科技社团资源依赖策略方面

杨红梅（2012）认为科技社团应该在资源获取策略上关注社会和政府的投资，通过为组织会员和社会提供具有需求性的社会服务来获得组织生存发展所需要的资源。同时，杨红梅（2013）也提出，科技社团应该以会员为本，来提升组织的社会价值，通过构建自身的核心竞争力向外部获取资源。雷育林（2008）从科技社团社会公信力的角度进行了描述，认为科技社团应不断提升自身的社会公信力来赢得资源。李靖和高崴（2011）则认为，科技类组织需要争取政府的资金支持，应通过主动建立沟通渠道寻求资源拥有者的帮助。黄琴等（2008）认为，当前科技社团应该进一步转变自身的行政化倾向，通过形象转变的同时增强自身的服务能力，通过能力提升来获取资源。张举和胡志强（2014）认为，科技社团应该不断地加强组织专业化人才队伍的建设，通过队伍建设使科技社团良性运转。李琳（2011）从科技社团所主办的期刊出发，认为应该对科技社团出版期刊中存在的问题进行解决，促进科技社团的健康发展。高丙中（2006）认为，社会社团之间应进行优势互补，通过优势互补等方式来共同抵抗生存发展中遇到的风险。宋淑聪和大卫（Sungsookcho and David，2006）在萨德尔（Saidel）静态资源依赖理论框架基础上，提出应将服务需求方纳入进来，探讨政府、服务需求以及非营利组织之间的资源流动。学者通过研究认为，政府、服务需求者以及非营利组织三者之间存在着互动关系，公共服务需求者需要政府来进行服务，而政府无法完全对其服务要求进行回应，需要非营利组织的共同参与，但非营利组织缺乏资金需要政府的资源扶持。因此，三者之间存在着各自需求的关系。布林克奥夫（Brinkerhoff，2002）认为，民间组织在与政府进行互动的过程中，需要对自身的独立性予以关注，在资源依赖的同时也应维持自身的独立性地位。李国武（2012）通过对我国行业协会研究发现，在我国行业协会中，政府官员担任行业协会领导的比重较高，这种现象是行业协会主动选择的结果，因为行业协会需要通过政府官员来获得资源。王诗宗和宋程成（2013）认为，社会组织在资源获取行为中，往往将获取资源对象的喜好作为判断标准，通过这样一种方式来获得更多的资源和支持。李学楠（2014）通过对上海市行业协会进行问卷调查，并根据资源依赖理论对行业协会进行分析认为，行业协会影响政治的途径主要有制度化和非制度化两种，制度化则是通过官方认可来进行公共政策参与，非制度化路径则是通过非官方认可的形式来影响公共政策。汪锦军（2008）在研究中发现，民间组织在获取政府的扶持上，并非取决于其公共服务能力，更多的在于民间组织的运作能力。

孙莉莉（2011）通过对中国草根环保型公益组织资源获取行为分析后

发现，中国草根环保型公益组织所提供的公共服务主要在环境教育和环境保护方面。草根环保型公益组织在取得了良好的社会反映后将促进其获取资源。而草根环保型公益组织的资源获取模式在不同阶段有不同特点，1994—2002 年以"精英动员型"为主，而到 2003—2007 年则采取"联盟型"资源获取模式，2008 年至今主要采取底层动员模式来获取资源。薛美琴和马超峰（2014）认为，在资源依赖与组织独立的困境中探寻有效的发展路径，是社会组织生存策略的必然选择，社会组织与政府的合作大部分以政府购买服务的公平交换为前提。王绍光（2002）认为，社会组织为了满足其自身发展的需要，对于两类资源的需求十分迫切。一方面，社会捐款对其保持独立性具有重要意义，但仅仅依靠社会捐款不利于社会组织的成长；另一方面，社会组织可以通过商业活动或从境外筹集资金，且具有可操作性，但社会组织这样的行为选择将会影响其组织性质。王名和乐园（2008）对民间组织中的政府公共服务购买进行了深入的探讨，认为政府在对民间组织的公共服务购买过程中同时存在着竞争性购买和非竞争性购买的情况。马立和曹锦清（2014）认为，基层社会组织在生长过程中将会通过逐步降低对外部环境的依赖来获取组织自身的独立发展，而降低资源依赖程度的策略主要是通过加强基层社会组织在关系网络中的影响力来实现。冯文敏（2012）运用资源依赖理论，以立人乡村图书馆为典型案例，深入分析了影响其生存发展的关键资源和掌握这些资源的组织。民间组织为了发展壮大，采取相关策略减少对资源的依赖，提高其自主性，而其所采取的行动策略，既不强调"非正式政治"策略，也没有谢绝政府等相关部门的合作意向，没有像一些维权和倡议组织那样控制组织规模。在生存发展中将对外政治策略和对内资源整合相结合，不仅保证了自身生存发展的独立性，同时对于体制内外的资源加以充分利用，成为游走于国家与社会之间的社会组织典范。乜琪（2013）在对 84 家防艾草根非政府组织（Non‐Governmental Organization，NGO）的调研后发现，"寄居蟹的艺术"是当前防艾草根 NGO 所采取的主要资源获取策略，同时认为防艾草根NGO 在资源依赖环境下，理想成长周期为：初创周期（依赖型）、发展周期（自治型）到走向成熟周期（均衡型）。

学者们对资源依赖理论的研究主要来源于新制度主义理论，其研究主要集中在分析组织之间的资源依赖关系，而对于运用资源依赖理论研究组织的资源依赖行为还有待深入。资源依赖理论的贡献在于为人们提供了一个分析组织间关系和行为的理论框架，强调资源对于组织生存的重要性，认为组织不仅是一个完成任务的工作者，而且是在环境中不断进行资源获取、消除依赖的政治行动者。组织在获取资源的同时也应防止因资源依赖而带来的自身消亡的代价。因此，运用资源依赖理论分析科技社团的制度环境、依赖现状及资源依赖行为，有助于拓展对科技社团生存发展机理的认识。

第二节　组织生命周期理论

在管理学界，专家学者们普遍认为一个组织作为有机共同体，同样也存在着生命周期。组织生命周期理论最早萌芽于 20 世纪 50 年代，管理学者们最早从企业组织中发现了该现象。1959 年，海尔瑞（Haire）提出可以将企业视为一种生物，并利用生物学的概念提出了"生命周期"的观点。20 世纪 70 年代，美国南加州大学马歇尔商学院管理学教授格林纳（Greiner）在《哈佛商业评论》上发表了一篇文章——《组织成长中的演变与变革》，首次提出了著名的组织成长五阶段模型。根据其观点，任何一个组织都是具有生命周期的有机体，且都会经历产生、成长、成熟、再发展或是衰落的生命历程。20 世纪 80 年代，美国耶鲁大学金伯利（Kimberly）和米勒思（Miles）第一次提出了"组织生命周期"的概念，他们认为"一个组织要经历产生、成长和衰退三个阶段，随后该组织要么复苏，要么消失"。综合来看，在组织生命周期理论视阈下对于一个组织的生命周期划分主要有以下三种方式。

第一，三阶段周期划分。李皮特（Lippitt）和舒米德（Schmidt）在 1976 年的《成长阶段研究》中构建了首个私营部门生命周期模型，该模型将私营部门的生命周期划分为诞生、青年和成熟三个时期。同时，还有一些学者也将组织生命周期分为三个阶段，斯科特（Scott，1973）认为一个组织应首先处于萌芽或创始期，随后进入成长时期，最后到达成熟期。卡恩和卡茨（Kahn and Katz，1978）也认为组织生命周期存在三个阶段，即早期系统、稳定组织以及结构精细化。

第二，四阶段周期划分。该划分方式中最具有代表性的是耶鲁教授金伯利和米勒思（Kimberly and Miles，1981），他们认为一个组织的发生应首先进行资源的集结以及组织共同意识形态的形成；其次，在组织成立后应具有一个获取资源或者获得某种支持的建立阶段，随后才会有组织的形成阶段，最终达到组织的制度化阶段。美国学者达夫特（Daft，2010）在其著作《组织理论与设计》中提出，组织的生命周期应分为创业、聚合、规范化以及协作发展等四个阶段。奎因和喀麦隆（Quinn and Cameron，1983）也同样认为，组织生命周期应具有创业、集合（集体化）、制度化以及精细化四个重要阶段。

第三，五阶段周期划分。20 世纪 70 年代末期，爱迪思（Adizes，1979）提出了组织生命周期的五个重要阶段，分别为组织发生阶段、组织成长阶段、组织成熟阶段、组织波动阶段和组织衰退阶段。组织生命周期五阶段划分模式在当时具有相当重要的代表性。霍奇（Hodge，1996）同样认为一个组织的生命周期具有五个重要阶段，但其观点和爱迪思的五阶段具有一定的区别，他认为组织生命周期可以分为：组织诞生、组织成长、组织成熟、组织衰落和组织死亡五个阶段，而在组织成熟阶段后，组织下一步将会逐渐走向衰落，直至死亡。同样，格林纳（Greiner，1998）也认为组织的生命周期应存在五个阶段，他将一个组织的生命周期分为：创业、组织聚合、制度规范化、组织成熟、组织再发展或衰退。综合来看，管理学界对于组织生命周期的划分大致可分为以下五个阶段：组织萌芽（集合）、组织成长、组织发展、组织成熟、组织衰落或再发展。无论学者们怎样对组织的生命周期进行划分，在组织生命周期理论框架下，任何一个组织在其生命的某一周期都会受到管理体制、外部环境、内部领导以及组织结构变化的影响和冲击，一些组织通过自身的变革进入下一周期中，而大部分组织会随着危机的到来而消亡。如图 2 - 1 所示。

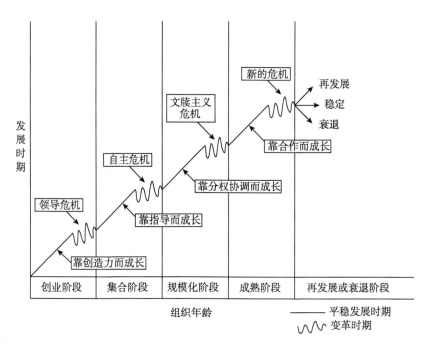

图2-1 格林纳（Greiner）组织成长五阶段模型

一、组织萌芽（集合）阶段

组织生命周期理论认为，一个组织的萌芽（集合）是其生命的第一阶段，如同一个有机生命体一样，组织伴随着群体共同的意识形态认同、使命感或者利益驱动而走到一起，并初步形成一个小规模的群体。在组织萌芽（集合）阶段，群体内成员对于组织的认同感较强，在该阶段下的组织管理模式呈现出高度集权的状态，组织领导者的产生来源于其自身拥有的资源赋予的权力，组织成员对于领导者有着高度的资源依赖度，领导者在这一阶段对组织拥有绝对的权力。在组织萌芽（集合）阶段，大部分组织没有形成一套成熟的组织制度或是管理体系，组织进入下一阶段的方式主要依靠群体创造力和领导者的个人推动。而由于管理机制和组织战略的缺失，随着组织的不断发展和组织生存所带来的外部环境的影响，组织管理出现的问题日趋复杂化，如果组织无法对内部进行有效管理或对外部提供社会所需要的产品，大部分组织将会在这一阶段发生变革，甚至走向消亡。

二、组织成长阶段

一个组织在经历了萌芽（集合）阶段后，将会进入其生命周期的下一个阶段——组织成长阶段。随着组织的发展，将会意识到传统的"人治"管理模式已无法满足日益复杂的组织事务，组织开始寻求制度的建立，同时，一个不断完善的组织结构也将初步形成。能够进入该生命阶段的组织要么是依赖外部资源的无偿给予，要么是自身能够提供社会所需要的产品和服务，抑或受到外部环境的政策性给予，帮助其成长，并要求组织提供一些有偿服务。而在这一阶段，资源依赖理论下的组织外部控制将会逐渐呈现。大部分组织在这一阶段开始利用外部资源来扩大自身的规模，也有一部分组织在该阶段靠外部指导或扶持成长。同时，组织规模开始扩大，人才开始聚集，组织通过文化熏陶和影响使组织成员的认同感加强，组织内部管理也开始由"人治"向制度化转变，个人意志在该阶段被逐渐削弱，组织管理的中上层管理模式逐渐形成，并与中下层管理者产生冲突。在该阶段，组织内部靠集权模式来对组织运行进行管理，同时组织也受到外部资源给予者的控制。这时，组织内部成员的自主性要求增强，组织自身对于外部也开始寻求自主性，从而产生组织自主性危机。

三、组织发展阶段

在经历上述两个阶段后，组织将会进入其生命周期的第三阶段，这也是组织成长过程中的重要阶段之一，成长与发展阶段同属于组织的正规化阶段。组织经过成长，内部管理开始逐渐规范化，但由于组织内部成员和组织自身对外部资源环境的自主性诉求，将导致组织的结构重新组合，组织的权力将会重新进行分配，这种分配不仅存在于组织内部，同时也存在于组织与外部资源提供者之间。组织在这一生命周期，将不断地靠分权来进行成长。在组织内部，由于组织成员的诉求和组织的跨区域多元化发展，增加了许多从属部门，这时，如果组织要继续发展下去，则必须在管理上进行分权管理，让组织成员共同参与管理；而在组织外部，同时也将受到资源供给者的资源控制，组织在这一阶段往往会受到资源链断裂或兼并风险。组织在这一阶段不得不寻求可替代性资源，通过提升自身产品的供给质量和供给能力来降低对外部资源的依赖度，或通过自身的改变来适应资源给予者的需求。

四、组织成熟阶段

组织在经历了成长和发展两个重要的生命周期后，将逐步走向规范化和制度化。在这一阶段，组织外部的资源依赖程度将逐渐降低，组织所需资源的可替代性增强，向社会提供的产品和服务也日趋完善。在组织内部，成熟的运行管理模式已经建立起来，各项激励和成长机制逐渐完善，组织战略目标明确，组织成员的组织认同感处于峰值。但同时，由于在成长和发展时期，过多的进行分权管理，组织内部规章制度繁杂，管理内容和管理权限交叉不清，组织内部将出现分权危机。在这一阶段，一部分组织由于内部分权将出现管理失控、监督失效，而另一部分组织则开始进行又一次的管理变革，将分配的权力重新进行回收整合，组织开始集权化管理。在回收权力的同时，组织也会受到各方利益集团的抗争，组织需要在这一行为博弈中找到均衡点，往往最终的结果是组织顶层开始加强监督管理，并进一步分权。在这一过程中，组织往往需要各部门间的有效合作，因此，又建立了更多的规章制度和工作程序，而更多规章制度的产生也使得组织内部"官僚主义"开始盛行，使得组织又开始了新一轮的成长变革。

五、组织衰落或再发展阶段

组织生命周期理论认为，组织在经历了"官僚主义危机"和"文牍主义危机"后，将会发生再一次的变革，部分组织在这一变革过程中有可能走向衰落甚至消亡，但也有可能会利用整合、并购等手段进行重组来避免这一危机，从而使组织重新趋于稳定。由于外部环境的不断变化，一个组织不可能永远处于持续发展状态，而组织在生命周期中如果想获得良性循环发展，则必须不断地改变自身来适应组织内部变革与外部环境的变化。在这一阶段，组织内部与组织之间的协同合作尤为重要，组织在加强文化构建、机构精简的同时应不断地进行资源整合，与其他组织间进行跨区域、跨行业的合作，运用科学的管理手段来促使组织良性发展。科技社团在中国作为一种特殊的社会组织存在，其生存发展也符合组织生命周期的一般性理论，在本书中，我们试图运用组织生命周期理论来解释科技社团在其生命周期的现有状态和未来的问题预测，发现其生存发展过程中的一般性规律，从而为政府提供决策咨询，引导其健康发展。

六、组织生命周期理论在社会组织研究中的进展

现有研究对于组织生命周期阶段的划分仍存在争议，还没有统一的观点。对于组织的生命周期主要有三阶段、四阶段、五阶段三种划分模式，而其中又以五阶段划分模式最为多样化。当前，国内外学者主要运用组织生命周期理论，从组织成长的角度对社会组织孵化、活力、发展以及治理等方面展开了相关研究，但基于组织生命周期理论针对科技社团或科技型社会组织方面的研究还尚待完善。

（一）社会组织生命周期阶段与成长测度

中国社会组织成长呈现出组织生命周期的阶段性变化特征，出现了萌芽、起步、停滞、复兴以及扩展等五个生命周期阶段。20 世纪初到 1949 年新中国成立，行业协会、互助慈善组织、学术型组织、具有政治色彩的社会政治性组织、文艺性组织等社会组织开始涌现，并出现自下而上的发展特征，且这一时期的社会组织大多具有政治背景和政治色彩；1949 年到 1966 年，国家对社会组织开始大力整顿和清理，一些具有反动性质的社会组织被取缔，同时这一时期也是中国社会组织的奠基时期，政府颁布了社会团体登记和管理的相关办法，社会组织获得了一定的发展；1966 年到 1978 年，由于外部政治环境的影响，中国社会组织的发展出现了停滞；1978 年至 1998 年，中国社会组织的成长开始走向复兴阶段，这一阶段基金会、商会等社会组织飞速发展；1998 年至今，中国社会组织走向了扩展阶段，国家对于社会组织成长的制度逐渐完善，先后修订和颁布了社会组织管理的相关制度性文件，社会组织呈现出多元化发展趋势（何水，2013）。

与此同时，现有研究主要运用生命周期理论对组织成长进行测度，可以分为定性和定量两类方法。而对于社会组织成长的度量主要侧重于定性研究，运用生命周期、组织生态位等理论，结合社会组织成长阶段的主要特征及其影响因素（如管理风格、组织结构等定性指标），通过追踪调查等方式来对上海合作组织、荷兰农村合作社、鄂东南村庄社区组织、北京星星雨教育研究所等社会组织的成长进行案例分析（朱永彪和魏月妍，2017；梁巧，2016；赵晓峰和刘涛，2012；徐静和刘肖，2010）。在定量度量方法中，已有研究主要结合组织生命周期理论对企业组织成长进行测量，从企业营利水平和企业规模增长等方面来判断其成长水平（尹苗苗等，2015；胡望斌等，2009）。在企业组织成长的具体指标选取中，企业资产总额、就业人数、工业产值、营业总收入等是测量组织成长的核心要素［李贲和吴利华，2018；徐凤敏等，2018；季良玉和李廉水，2016；墨菲（Murphy），1996］。刘小元等（2019）认为也可以从组织员工数量、销售额、组织规模以及获得捐款资助等方面增长的平均值来衡量社会企业的成长。在具体研究方法中，陈晓红等（2004）运用突变级数法，从组织成长能力、营利能力、资金运营能力以及组织规模等维度来计算衡量组织成长的成长性分值。现有研究同时认为，通过构建成长性指数来测量组织成长，是对其健康、可持续发展水平的综合测度（白贵玉和徐鹏，2019）。张振刚等（2018）则采用主观指标评价法，通过组织员工数量、销售额、利润以及市场份额等四个方面的增长率对组织成长进行水平测度。

（二）社会组织生命周期演化路径

社会组织在生存发展过程中，会遵循组织生命周期的演化路径，且在其任一生命周期阶段，危机与机遇并存。危机会导致组织发展停滞不前或者消亡，而机遇将给组织带来再次成长的可能。组织的生命周期会呈现出以下几个方面的特点：一是突变性。对于组织成长来说，外部政策的变化、组织技术的退化、内部成员思想改变以及竞争环境的冲击都会给组织带来成长阶段突变，从而减弱组织的成长活力，导致组织衰退或消亡。二是适应性。大多数组织在无法迈入下一阶段生命周期时并不会直接导致消亡，而在这一时期，如果组织能够改变自身策略，通过调整组织内部结构和响应外部需求等来适应环境的变化，就能促进组织的再次发展。三是非同步性。在一些大型组织内部，各个小型组织可能呈现出不同的生命周期和发展阶段，并非完全与组织整体处于同一生命周期阶段。四是可逆性。在组织面对突变状况时，能够通过改变战略措施对内部结构进行改造，提升组织的能力水平，从而让走向衰退期的组织迈入再次发展的道路，其生命周期呈现出可逆性特征（朱婷婷，2016）。对于社会组织来说，不仅自身的成长具有生命周期，同时其面向市场和社会所提供的产品和服务也具有生命周期，而产品和服务直接影响着社会组织的生存发展。社会组织在其产品的导入期、成长期、成熟期以及衰退期应采取不同的策略来维持组织的外部资源获取（谷小翠，2008）。

赵晓芳（2017）在对助残类社会组织的生命追踪研究中发现，社会组织作为社会有机体，与生物发展的生命周期演化相同。在其生命周期内，不仅会受到外部环境的影响，同时也需要通过与外部环境的资源互换来维持自身成长，且社会组织在其生命周期的每一个阶段均会受到外部环境的冲击和挑战。但社会组织与普通生命体的演化路径也存在着一定的差异，并非完全是从生到死的单向生命路径，社会组织存在的时间与其生命不一定存在着因果关系，而社会组织的竞争力与环境适应性等能力影响着组织生命周期。在社会组织的初创期需要关注外部资源的获取渠道，从而获得组织成长资源；在社会组织的成长期，组织的内在能力影响着组织的可持续性发展，在这一时期需要社会组织不断积累自身知识，提升组织自身能力水平和外部资源整合能力；在社会组织转型期，需要关注组织的核心发展理念，并在组织内部加强文化塑造，从而发挥组织的再生活力。李祎礽（2018）认为，对于社会组织的发展来说，会经历不同的生命周期阶段，在社会组织生命周期的各个阶段演化过程中，如果能对当前所处的生命阶段进行有效回应，并对生命阶段所出现的问题给予解决，将会推动社会组织走向下一个生命历程，而如果组织无法完成生命周期的阶段性任务将会走向衰落。社会组织的生命周期主要分为创立、聚合、规范化、协作以及再发展等五个阶段。在创立阶段，社会组织在管理模式下应参照创业模式对组织进行管理，重点关注组织的功能性定位和外部资源获取；在聚合阶段，社会组织应不断加强自身的领导力建设，发挥个体领导在组织中的作用；在规范化阶段，社会组织应更多地关注组织内部的规章制度建设，完善内部管理的体制机制，加强制度约束；而在协作阶段，社会组织应积极应对外部环境的挑战，结合社会需求提供组织产品，从而获得组织可持续性成长资源，推动组织走向再发展的生命周期。

（三）社会组织生命周期的影响要素

制度环境对于社会组织生命周期具有重要影响，在社会组织产生、运行以及退出的生命周期内发挥着不可替代的作用。首先，在社会组织产生层面。国家宏观导向和社会组织准入制度带来了社会组织的萌芽和发展。其次，在社会组织运行层面。社会组织管理制度规范其组织运行领域、方式、边界及其活动范围。最后，在社会组织退出层面，通过制度建立，对社会组织的效能进行科学评估，并结合效能评估结果作用于社会组织的退出机制（刘春湘和曾芳，2018）。朱兴涛（2019）则发现，农民合作社作为农村社会组织的重要类型之一，其组织生命周期可以划分为初创、成长、成熟以及衰退等四个阶段。农村社会组织在资源获取环境变化的影响下，在其不同的生命周期阶段将呈现出不同的资源获取方式。在初创期，农村社会组织由于缺少内部发展资金，且对外部环境的适应性不足，内部管理呈现出高度集权化特点。处于初创期的社会组织，其资源获取主要依靠组织内部精英群体的个人社会网络和社会资本来进行。在成长阶段，社会组织的市场环境适应性增强，产品和服务逐渐增多，社会组织主要依靠内部制度化的建立和与外部组织间的关系互动来谋求组织发展空间，其资源获取模式主要关注于对相关资源的整合。在成熟阶段，随着农村社会组织的社会认可度不断提升，主要采取与政府建立资源联系，并向相关部门获取政策支持来推动组织发展。在衰退期，农村社会组织出现成长停滞现象，一些创新能力和合作思想减退的社会组织将走向组织消亡。而对处于发展困境的农村社会组织来说，如果采取组织间相互整合或合作等方式将会再次获得成长资源，从而改变组织生存困境，推动组织走向新一轮发展。赵晓峰和刘涛（2012）认为，农村社会组织的生命周期可以分为四个阶段，分别是诞生期、发展期、成熟期和分化期。在宏观政策和自身能力的影响下，社会组织每一阶段面临的危机和挑战都不同，需要组织自身和政府共同推动其成长。在诞生期，社会组织需要加强农民的组织认同，提供符合农村需求的产品和服务，政府在这一时期需要加大对社会组织的扶持力度，营造组织发展的外部环境；在发展期，社会组织需要进一步加强农民的认同感，并扩展组织的自主性空间，政府对于发展期的农村社会组织要加强引导，推动组织内部的制度化建设；在成熟期，农村社会组织需发挥中介功能，在国家和农民间发挥桥梁和纽带性作用，政府应通过与社会组织间的合作来实现农村资源的合理配置；在分化期，需要社会组织转变发展观念，发挥自身主观能动性，主动寻求资源，而政府则需要对社会组织进行分类扶持，并做好走向消亡社会组织的善后工作。卢玮静和赵小平（2016）在对草根社会组织的研究中发现，社会组织在成长过程中会出现不同的生命周期阶段，每一阶段均会受到外部环境的影响而出现成长困境和挑战，如果社会组织能够妥善应对将会顺利向下一生命周期过渡，如果社会组织无法对挑战进行有效回应则会将其带入停滞甚至衰亡。社会组织的生命周期可以分为孕育阶段、初创阶段、成长阶段以及成熟并持续发展阶段，且自我强化和自我超越两种不同的价值观念会对其生命周期产生不同的影响。

第三节　组织行为理论

一、组织行为理论概述

组织行为理论起源于西方国家，最早的组织行为理论是在心理学和行为科学的理论基础上建立起来的。直到 20 世纪 80 年代，组织行为才逐渐细分为宏观组织行为研究和微观组织行为研究。宏观组织行为研究主要运用政治、经济以及社会等相关学科将组织作为一个整体来研究，而微观组织行为研究则主要针对组织中的个体行为的研究。

组织行为理论并不是特指某一理论范式，而是基于古典组织理论、行为科学理论逐渐发展为现代组织行为的系列理论。在此，我们对于组织行为理论进行一个简单的梳理和总结，试图寻找到一个能够解释科技社团行为的理论框架。早期的组织行为理论主要存在于传统的组织理论中，在 20 世纪初期开始萌芽，这一时期组织行为研究主要是静态的，重点分析视角集中在组织的分工、组织的协调以及组织的权力等方面，其中代表人物有"管理学之父"泰勒（Taylor）、德国管理学家韦伯（Weber）以及法国管理学家法约尔（Fayol）等（周雪光，2003）。他们所关注的重点都在于企业组织，主要研究企业的经营管理、行政组织，从而提高企业的劳动生产率，将群体成员假设为追逐利益并受到利益驱使的"经济人"，而在一定程度上忽视了人的社会属性。直到 20 世纪 30 年代后期，管理学家开始将目光集中在人际关系研究的组织行为理论上，最后形成了行为科学组织理论。行为科学理论与传统的组织理论不同，它将重点集中在组织和组织中的人的行为活动过程上，对组织群体行为和组织个体行为进行了深入的分析。行为科学组织理论起源于著名的"霍桑试验"（Hawthorne Experiment），霍桑试验的结论最早被用于心理学界，由美国哈佛大学心理学教授梅奥（Mayo）主持完成。梅奥对西方电器公司位于美国伊利诺伊州的霍桑工厂进行了科学研究，他发现，在一个组织中存在着"非正式组织"，而该组织在很大程度上控制着组织内部成员的行为。梅奥认为，在组织中，群体成员的行为不完全受到经济利益驱使，群体成员拥有情感、人际关系等社会属性，在追逐利益等物质需要之外同时也拥有情感需求。梅奥首次提出了"社会人"的概念，并建立了人际关系理论（梅奥，2013a）。在行为科学理论研究鼎盛时期，著名的代表性学者还有马斯洛（Maslow）提出的需求层次理论、赫茨伯格（Herzberg）的双因素理论、西蒙（Simo）的行政决策理论、麦格雷戈（McGregor）的 X 理论和 Y 理论等（罗珉，2003）。直到 20 世纪 60 年代，美国华盛顿大学教授弗卡斯特（Kast）出版了《系统理论与管理》一书，标志着组织行为研究进入了系统管理理论时期。系统管理理论是在行为科学理论的基础上发展而来的。系统管理理论认为，随着社会的不断发展，外部环境和组织结构将越来越复杂化，而现有的组织行为理论已经无法解释组织内存在的问题。组织存在于外部环境中，如果把外部环境看为一个总系统，组织只是这个总系统下的子系统。

系统管理理论认为，在社会中，组织是其中的一个有机生命体，组织与外部环境处于紧密联系的状态，且无法分割，组织的一切行为活动都将受到外部环境的影响（朱江，1993）。美国社会学家帕森斯（Parsons）等认为，组织应该是一个开放的系统，组织行为的目的就是在与外部环境的活动中寻找到一个平衡点。因此，组织在行动过程中不仅要维护组织内部的平衡，更应该维护组织自身与环境之间的平衡。因此，在现代组织行为理论中，专家学者们往往认为组织行为其实是一个互动的过程，而不是一个单一的线性行为模式（帕森斯，2003）。

二、组织行为理论研究假设

研究一个组织的行为，必须要对组织性质进行假设。在组织行为理论中，主要有"经济人假设"和"社会人假设"。"经济人假设"起源于古典管理理论。"经济人假设"认为，一个人或者一个组织的行为都是具有目标性和理性的，且其行为都是利益选择的结果。1776 年，英国经济学家亚当·斯密（Adam Smith）在《国富论》中首次提出"经济人"这一概念。他认为，组织中个人行为的起源都来自人对经济利益等物质的追逐，人的所有行为都是为了对自身利益的满足，其工作也是为了获得物质报酬。泰勒（Taylor）也是"经济人"观点的代表性人物，他将人看作机器，在组织活动中人的行为应该被限制和规范，他在组织管理中将工人和管理层分开，认为在企业组织中，效率是第一位的。在组织中，应对各类人员进行有效分工，使得组织的运行更加有效，工人就应该工作在生产线上，而不应该参与管理；如果一个工人既在生产线上工作又参与办公室工作，那么几乎是不可能的。一个组织的目标需要一部分人来进行设计，而另一部分人则只需要执行就够了（泰勒，2013）。美国心理学家麦格雷戈（McGregor）对"经济人假设"进行了阐述，并提出了著名的 X 理论和 Y 理论。他认为人的本质是懒惰的，人们面对工作将会尽可能地逃避；组织中的大多数人在责任面前都会将自身置之事外，不愿意担负责任；在一个组织中，并不是所有人的目标和组织目标相统一，因此，需要运用经济利益或强制手段迫使人们为了组织的既定目标工作（麦格雷戈，1989）。随着社会的不断进步，组织间的竞争越来越激烈，使得学者和管理者逐渐开始重视人的社会性问题，"社会人假设"是在"经济人假设"基础上发展而来的，但"社会人假设"与"经济人假设"的观点不同，"社会人假设"认为个人或者群体的行为不仅受到利益的驱使，组织成员在工作中也会寻求安全、尊重、实现自我等情感归属；"社会人假设"认为个人或群体在既有行为中有合乎逻辑的行为，同时也存在非逻辑行为，而这种行为产生的根源在于个人或者群体的社会属性，团体精神和非正式群体将会影响组织个人的行为模式。"社会人假设"将组织行为置于半开放的系统之中，其假设基础来自人际关系学，"社会人假设"认为组织行为中，个人或群体在行为中的互动可以有效地激发员工的积极性，而这一行为往往比传统的物质奖励更为有效。在一个组织中，成员与其他成员之间的关系好坏同时也会影响着其自身的行为方式，影响着成员的能力发挥（梅奥，2013b）。"社会人假设"为组织行为理论的发展奠定了坚实的基础。

三、组织行为理论下的行为动力机制

在对组织理论下的行为假设进行了梳理之后，我们同时也关注着组织行为的发生，组织行为产生的背后与其动力机制的推动密不可分。20 世纪初期，英国政治学家、哲学家托霍布士（Hobbes）认为，追求快乐、逃避痛苦是一切行为的根本原因（李猛，2012）。在组织行为理论中研究组织行为的动力起源最早来自德国管理学家韦伯（Weber），他认为组织行为的动机源于对权力的索求，他提出权力是组织运行的核心要素，任何一个组织的存在都必须以权力为基础，如果一个组织想完成组织目标则需要某种权力的存在（韦伯，2000）。20 世纪 40 年代，马斯洛（Maslow）出版了《人类动机的理论》一书，该书同时也成为研究组织行为学的最经典理论之一。他在研究中提出了三个重要的理论假设：第一，人的行为受到需求的影响，且只有还未满足的需求才能对其行为造成影响；第二，人的需求呈金字塔型，从最低级的生理需求到最高级的精神需求；第三，人的需求呈逐级上升趋势，只有在满足了当前的需求后才会有动力进入下一需求层次。基于此，马斯洛提出了著名的需求层次理论。他认为，组织行为动力

的一切来源都来自人类的需求，从下到上分别为生理、安全、社会需要、尊重以及自我实现等五个需求层次。其中，生理需求包括了衣、食、住、行等基本内容，而生理需求也是推动人类行为的最强大动力。他认为，人最早作为一种生物，最初的行为来自本能或冲动，这属于低层次的需求，但随着人的不断成长和进化将会产生更高层次的需求（马斯洛，2007）。

20 世纪 60 年代，美国心理学家亚当斯（Adams）提出了公平理论，他认为正是由于人们与他人所存在的横向比较而产生了群体个人的行为动机（郭梅等，2015）。同时，弗鲁姆（Vroom）在其期望值理论中也提出，人们之所以会产生行为，是因为对该项工作的心理预期，只有认为该行为的发生会帮助自己达成目标，才会实施，从而满足其自身的需要（陈万思和余彦儒，2010）。麦克利兰（McClelland）在同一时期提出了成就需要理论，并构建了一个冰山模型。他认为人生存在社会中，首先会有一个社会角色，社会角色形成的同时带来了价值观的树立，而这也将影响着人类行为的发生。但由于人的背景和环境不同，人的需求也不同，许多行为需求并不是与生俱来的，而是基于后期的教育、经历等因素，他将人的行为需要概括为成就、权力以及亲和三种需要（李春琦和石磊，2001）。此外，还有一些学者对组织行为理论有着自己的看法和观点，在此我们不一一描述。对于组织行为理论的梳理和阐述，对于研究科技社团资源依赖行为的发生，并探寻其发生的内在动力机制具有重要的理论借鉴和现实指导意义。

四、组织行为理论在社会组织研究中的进展

（一）社会组织行为选择影响因素

从语义阐释的角度，行为（behavior）不仅是指态度、举止，同时也可以用来表示采取某种行动的方式（way of action or functioning）。严格意义上，作为科学概念的"行为"首先从心理学研究过程中逐渐成熟，后来运用于管理学科群。因此，"行为"在一般意义上是表示受到内源或外源的刺激后有机体的外显活动，也是组织对刺激的应答。因此，这种"应答"也就受到先天的（本能的）和习得的（条件的）等因素的影响。

对"组织"词义的理解，可以从三个层面加以展开。第一，从概念上看，组织作为一个独立的有机体存在于社会网络中，如政府、社会组织等。第二，从功能来看，组织可以被看作是在有机体中具有功能性质的器官，例如听觉器官、视觉器官等。在社会科学研究中，组织被纳入社会网络中加以分析，特指在社会网络结构中具有功能性质的团体。第三，从特征上看，组织具有集体性、系统性以及功能性等特征。从上述语义阐释中，进一步加深了对"组织"概念的理解，也可得出，组织是一个从自然科学向人文科学延伸的概念。正如进化论、有机体论和系统论对管理科学、行为科学的产生和发展都曾产生过一定的影响。组织行为学中的组织（organization）是具有明确的目标，以物质条件为基础，通过人际沟通协作构建的"结构—功能"体系。随着社会的进步和发展，组织的内容和形式也发生了变化。但是无论何种社会背景，无论何种组织类型，"协作"都是组织成员之间关系维系的基本方式。传统的组织学理论认为，正式组织是人理性设计的产物，因此组织本质上就是理性工具。同时，组织实证研究也提出，组织在实际运转过程中，受制于其所处的制度环境。而社会组织行为就是社会组织为实现一定目标，对内外部刺激所作出的反应。组织行为选择被自身环境所制约和塑造，因此组织行为选择反映了对所处环境的应对策略。

现有研究主要从社会组织行为动机和客观制度环境出发，分析社会组织行为选择的影响因素，特别是对社会组织面临的制度和资源困境进行剖析，发现社会组织自身行动选择与所面临的困境有一定相关性。正因为社会组织受到各项制度制约，获取资源能力与范围受限，为了获得生存与发展必须拥有符合自身特点的行动策略。针对行动对象的特点，采取不同行动方法以合法手段获取资源来实现组织目标。近年来，学者对社会组织的概念、分类、兴起原因及动力机制、结构和功能进行研究，并结合实证分析，将社会组织与政府互动关系以及社会组织的行动策略作为研究的重点。邓莉雅和王金红（2004）认为，社会资源以及规章制度是影响非营利组织行为发生的重要因素，同时也是非营利组织生存发展所依赖的重要资源。而资源获取能力也是社会组织发展的重要制约因素，社会组织应该以自身的主动作为，积极发挥应有的作用，通过自主行为争取相应的资源和支持，从而改善自身困境。田凯（2004）提出了"组织外形化"这一观点，并构建了论证框架。他认为，"组织外形化"产生的根源在于现实生活中制度环境往往挤压组织的生存环境，为了适应制度环境，组织在实际运作中不得不采取相应的策略选择。江华等（2011）认为，转型期国家与社会组织之间关系的主动权在于国家，指导原则是双方利益的契合程度。

（二）社会组织行为选择策略

在社会组织的组织行为选择策略方面，国外学者主要从博弈论、交易成本理论以及治理理论等角度进行研究。一些研究者提出了许多有启发性的概念，如"非正式政治""寄居蟹的艺术"，更多的研究者则深入分析了社会组织行动策略的共性与个性。在非营利组织行动策略研究方面，朱健刚（2004）首先对中国公民社会的发展阶段进行了定位，认为当前公民社会仍然处于初级阶段，通过公民意识觉醒后而自发建立的社会组织或多或少受到制度环境、社会观念、专业知识等多方面的制约。面对这些制约因素，社会组织的行动者不断探索在公民社会初期背景下，自发建立社会组织所能够采取的运作模式，并积极推动公共领域的发展。因此，这一类社会组织以信念来带动早期的核心志愿者，很少具有行政色彩，并通过理想信念的认同来吸纳组织成员。张紧跟和庄文嘉（2008）提出了"非正式政治"这一概念，认为草根 NGO 将会通过非正式政治在政府政策内寻找生存发展的空间。何艳玲等（2009）认为，决定草根 NGO 行动策略选择的因素在于其发生互动的对象是否能够给予草根 NGO 资源。和经纬等（2009）研究发现，草根 NGO 为了得到政府合法性认可，往往会借助制度之外的道德力量，以获得社会支持和政府的默认。甘思德和邓国胜（2012）对我国的行业协会进行研究发现，行业协会的自主性和是否具有代表性是其游说行为有效性的重要影响因素。

在社会组织适应制度环境的过程中，组织行为具有相对稳定性和普遍性。陈为雷（2013）认为，政府采取项目外包的形式对非营利组织提供资金，相当于政府购买了社会服务，提高了资金使用效率，非营利组织也会结合政府的工作重点和社会需求，采取项目运作方式作为其行动策略的选择。汪锦军和张长东（2014）从社会网络的视角分析了社会组织的行动策略，认为有的社会组织是从纵向出发，主要依赖政府对其合法性的认可来进行行动策略的选择，有的则是从横向入手，通过吸纳会员，扩大自身社会影响力，得到社会性认可后，来积极争取政府部门的资源。

刘鹏（2011）将"嵌入式"概念运用于解释地方政府对非政府组织的日常管理模式，认为非政府组织行政化色彩是其组织模仿的结果。徐增辉（2015）认为，社会组织在与政府共生的关系中，所采取的行动策略是在生存压力和利益驱使下，要求在合理范围内分享政治资源，并以政策支持与指导为行动边界，对政策形势保持高度敏感，获取合法性认可。李慧凤（2014）结合当前我国从社会管理向社会治理转型的背景，认为政府与社会组织互动频繁，不同组织之间的传导性，对于政府行为的优化产生了一定影响。但是，政府与社会组织之间合作伙伴关系大部分是在政府主导下形成的，并不是真正的伙伴关系，而是以社会组织成为政府的附属品为前提，这并不利于社会组织进行自我行为的选择。

综上所述，组织行为理论并不是特指某一理论范式，而是基于古典组织理论、行为科学理论逐渐发展为现代组织行为的系列理论。宏观的组织行为研究主要运用政治、经济以及社会等相关学科将组织作为一个整体来研究其组织行为，而微观组织行为主要针对组织中的个体行为的研究。在组织行为理论分析中发现，当前，对于组织行为理论的研究还有待深入，组织行为理论研究主要集中在组织行为激励、个体行为的动机等方面，对于将社会组织行为纳入组织行为理论的探讨还相对较少。

第四节　社会资本理论

一、社会资本理论的概念及内涵

社会资本理论（Social Capital Theory）起源于 20 世纪 20 年代，最早只是作为"社会资本"这一名词出现。直到 20 世纪 70 年代，随着社会学、经济学、管理学等学科的不断发展，学者们开始将"社会资本"这一概念运用到本学科领域的研究中，随着学者们对社会资本理论的不断深入探索，到了 20 世纪 80 年代，这一概念和理论已逐渐成了社会学、管理学以及经济学等人文社科领域的学术前沿热点问题。同时，在这一时期，社会资本理论也开始在各学科之间跨学科运用，成为跨学科理论研究的重要工具。

社会资本理论的概念方面，巴黎高等研究学校教授布尔迪厄（Bourdieu）认为，社会资本是一种资源集合体，它可能潜在地存在也可能现实地存在，而这些资源的获取方式则是通过关系网络来进行的（刘欣，2003）。林南（Nan Lin）在《社会资本：关于社会结构与行动的理论》一书中认为，在市场环境下，社会资本是一种期望获得回报的社会投资，这种投资带有社会关系的性质。同时，他认为，社会资本也是个人或组织在行动中所获取的社会资源。社会资本嵌入社会结构之中，而个体或组织在社会结构中获取资源的能力就是社会资本，能力同时被认为是一种资产（林南，2005）。福山（Fukuyama）对于社会资本的概念也有着自己的看法，他认为信任是最重要的社会资本，如果群体间的信任度较高，那么该组织将会变得更加有效（福山，2015）。

综上所述，社会资本是指存在于组织结构中的个人或组织，运用自身在组织结构中的特点或者关系来获取利益，社会资本的高低取决于个人或组织在这一利益获取过程中的能力。传统社会资本理论认为，个人所运用的关系来自朋友、亲人和同学等与自己存在联系的人，正是因为个体在朋友、同学以及亲人中的特殊角色定位，使得其能够运用这些关系来解决相应的问题，从而获得相应的利益，个体在这一特殊结构中能够获取的利益越多，则说明他的社会资本越丰富（李文钊和蔡长昆，2012）。有学者认为，社会资本嵌入社会结构中，它在一定程度上可以影响个人、组织甚至国家的行为方式，社会资本可以通过个人、群体之间的互动合作来提高社会效率，从而促进经济社会的发展。社会资本理论研究的基本内涵在于个人或组织之间的联系以及它们之间的互动状态，其行为表现为个人及群体资源和利益的获取。共识、信任、权威、规范以及社会网络是社会资本的具体表现形式，拥有和获取社会资本的主体包括组织中的个人、组织本身以及社会，主体在利益的驱使下将会改变自身的行动策略从而获取资源和利益，在这样一种行为方式下，社会资本会不断变化其流动的方向（边燕杰等，2012）。

二、社会资本理论研究演化历程

从 20 世纪初期到今天，许多专家学者对于社会资本理论的研究做出了自己的贡献，纵观社会资本理论的研究演化，最早是由实物资本的研究逐渐演化为人力资本研究，最终到达社会的研究。

"资本"（capital）一词在中世纪时泛指牛、羊等牲畜，它们象征着社会财富。在 12 世纪的欧洲，出现了货币，当时的货币被称为"资本"。在当时，资本被看作一种实物的形态。1776 年，亚当·斯密（Adam Smith）在《国富论》中探讨了资本的运行，他将资本的概念进一步扩大，认为在一个国家中，人们所获得的所有有用的活动都属于资本，资本具有收益性，它可以通过投资带来相应的回报，资本的价值是可以增加的。马克思在古典经济学的基础上提出了自己的观点，他认为资本不仅仅是一种物质，而是一种社会生产关系。随着经济社会的不断发展，人们对经济社会发生的一般规律也有着更深层次的理解，在 20 世纪 50 年代，美国经济学家舒尔茨和贝克尔（Schults and Becker）提出了"人力资本"的概念。同时，关于资本的研究也从早期的单纯物质资本研究逐渐向人力资本研究过渡。专家学者认为，在现代社会，经济增长的决定性因素已经在发生着改变，物质资本不再是传统经济增长的重要因素，而人力资本将在经济社会发展中起到重要的作用。舒尔茨发现，个人所掌握的知识和技能能够对其利益获取起到重要的作用，这是一种重要的才能，它可以和公司等组织进行利益互换。贝克尔的研究对于新资本理论的发展具有重要的作用，他认为人力资本是可以进行投资的，该投资行为不仅存在于个人与雇主之间的交换关系中，同时也可以在自我发展中增加自身人力资本的价值，如工作技能的提高等。人力资本理论的研究改变了传统理论对于"资本"的认识，资本不再是一个具体的物质形态，而在发展中被逐渐抽象化，成为所有能够带来增值价值的资源代名词，传统资本与人力资本研究为社会资本理论奠定了坚实的理论基础（林南和刘喜霞，2003）。

随着非物质资本在经济增长中的影响越来越大，越来越多的研究表明，社会资本作为经济社会发展的重要研究视角已被广泛的采用。综上所述，20世纪80年代，布尔迪厄（Bourdieu）对社会资本理论首次进行了系统性的阐述，并正式提出了"社会资本"这一概念，推动了社会资本的理论研究。随后科尔曼（Coleman）、帕特南（Putnam）、福山（Fukuyama）、林南（Nan Lin）等学者都对社会资本理论提供了一个较为完整的理论范式（周红云，2003）。将社会资本理论运用到管理学、社会学、经济学等研究领域，对社会资本理论进行了不断的完善，进一步促进了社会资本理论的蓬勃发展。

三、社会资本理论的主要观点

在对社会资本理论观点的梳理和总结上，主要针对具有代表性的学者的研究观点展开分析和讨论。

布尔迪厄（Bourdieu）是最早提出社会资本概念的学者。他将资本进行了三种形式的划分，分别为：经济、文化和社会三种资本。他在社会资本理论的研究中首先对经济资本、文化资本以及社会资本进行了特征分类及分析，并研究了三者之间的相互作用。他发现，在一个社会结构条件下，三种资源之间可以进行有效转化，三种资源之间是具有相互联系的，但最终都将回归到经济资本上。基于这一观点，布尔迪厄提出了"场域"的概念，他认为场域是各社会要素之间形成的关系网，并存在于社会结构之中，社会团体和个人在场域中都具有特定的位置，社会团体和个人将通过资源的连接互换在场域中发挥着重要的作用，从而在场域中获得其需要的社会权利和社会资源。同时，场域并不是一个静态的存在，而是处于动态变化之中，场域变化的动力来自社会资本。行为主体可以在场域中通过对社会资本的投资最终增加其自身的利益（刘崇俊，2012）。

科尔曼（Coleman，1988）的社会资本理论研究源于其所撰写的《社会资本在人力资本创造中的作用》一文。科尔曼首先对社会资本这一概念进行了描述，认为社会资本是资源需求者通过交换，与资源控制者进行的一种互动，互动的结果导致了社会关系的产生。社会关系并不是独立存在的，它存在于社会结构之中，社会关系也被称为社会资本。同时，存在于社会中的每一个人和团体，其本身就具有天然的人力、物质和社会三种资本，且三者之间可以转化。

2001年帕特南（Putnam）在《使民主运转起来》一书中对于社会资本理论进行了深入的研究和探讨。他对意大利各地区进行了长达二十年的考察，运用社会资本理论对其中存在的问题进行了阐释。他发现之所以意大利南北地区的经济具有如此大的差异，其中重要的因素之一就是经济发达地区的社会资本相对较为丰富。他在书中将社会资本定义为信任、规范、网络等，他认为社会群体对于社会资本的有效使用，例如通过信任合作等方式可以促进社会的整体效率。帕特南是第一位将社会资本研究视角从个体上升到团体层面的学者，通过与政治学的交叉研究提出了公民参与的社会网络。社会资本理论的核心观点认为，在一个信任度很高的地区（如共同历史渊源和共同价值观的地区），地区民众间会形成一个密切联系的网络，而在这一网络中，信任度较低或者破坏信任关系的人将会受到惩罚。他认为，社会资本正是这样一种公民参与和信任规范。同时，在社会资本发展中，应重点培养公民参与精神，而非增加个人的利益。

林南在对社会资本理论的研究中，将社会资本作为一种资源来进行分析，首先提出了社会资源理论。他认为资源是个人和社会两种资源的总和，在社会或者某一团体中，资源是其成员认为具有价值的一种物质，而通过对资源的占有，可以增强自身的权威和提高自身的生存能力。其中，个人资源往往指的是资金、知识以及地位等可以由个体本身所支配的东西；社会资源则往往存在于社会网络之中，社会资源来自社会结构中的人际关系，例如社会声誉、社会公信力等（刘少杰，2004）。同时，社会资源的获取方式和个人资源不同，社会资源的获取往往需要与群体其他成员之间的交换或是交往。社会资源存在于社会资本之上，正因为有了社会资源才会带来社会资本，且社会资本具有可回报性，社会资本在社会关系中产生投资并终将会取得相应的回报，而这种投资和回报是通过个人或群体有目的性的行为来产生的（林南，2005）。

四、社会资本理论在组织研究中的进展

（一）组织的社会资本测量

社会资本理论被广泛运用到教育、科学、经济、社会以及政治等领域，众多学者对社会资本的概念及内涵进行了阐释，认为可以从宏观、中观以及微观等不同角度来探讨社会资本，并对其进行科学测量。社会资本与物质资本间存在着相似性和差异性，同物质资本一样，社会资本也具有使用价值，并存在着价值增值。但同时，社会资本与物质资本不同，社会资本不是商品，且具有外部性特征，所以其只有成本价值（李松龄，2019）。现有研究普遍认为，社会资本是一个多维度复杂性概念，主要可以从信任、规范以及网络等层面采用替代变量对社会资本展开测量，而三个基本层面同时具有较大的差异性特征。

在组织社会资本的测量维度方面，主要运用单维度和多维度方式来对社会资本进行测量。在单一维度中，大量研究采用社会网络维度来测量个体和组织的社会资本，定名法和定位法是其主要测量工具。定名法主要通过对个体的角色关系和内容的认知，并通过测量指标来反映社会资本的差异程度。定位法则主要采用等级位置，以职业、权威等显著性社会地位指标，对测量对象展开分析，判断测量对象与这一类指标中的个体或组织间是否存在关系，并确定其关系的强弱度，通过定位方式来测量其社会资本的强弱度。同时，也有研究从社会信任的角度对社会资本进行测量，将社会信任作为社会资本的替代变量。大量研究表明，社会信任这一测量工具拥有较高的信度和效度，且具有简单和快速的测量特征；在多维度测量方式中，现有研究认为，应将社会资本这一变量分为不同的维度，并采用不同的指标对其进行水平测度。世界银行开发了 SCAT（Social Capital Assessment Tools）社会资本多维度测量工具，葛鲁塔特和巴塞尔（Grootaert and Bastlaer，2002）对社会资本的测量工具进行了进一步优化，将社会资本分为结构型社会资本和认知型社会资本，包含了社会信任、归属感、组织联系等七个重要维度，共计 17 个题项。此外，还有一些学者认为社会资本应包含社会信任、凝聚力、社会网络、社会支持、社会关系等各个方

面，并从四维度、六维度以及八维度对社会资本进行划分（赵雪雁，2012；Sabatini，2009）。

在社会资本的测量层次方面，主要可以分为对个体社会资本的测量和对集体社会资本的测量。个体社会资本的测量主要从其在社会网络中的中心位置或居间位置来构建社会资本的测量指标，判定个体在社会网络中能够获取或调动的社会资源总量；而集体社会资本的测量，主要从社会信任、公民参与以及社会规范等方面来测量集体的社会资本，如果一个组织或集体信任度越高、公民参与比率越高，则表明该组织集体社会资本越高（张文宏，2007）。方亚琴和夏建中（2014）认为，在城市社区之中也会存在社会资本的强弱问题，对于城市社区社会资本的测量应关注于其存量和形态，可以从社区志愿组织参与、社区关系网络、社会互动、社区信任、志愿者精神、社区支持、凝聚力以及社区归属感 8 个维度对集体社区的社会资本进行测量，研究通过因子分析对其维度进行整合，最终分为社区感、非正式互动、社区互惠和支持、社区组织参与以及社区人际网络等 5 个维度，共计 30 个指标。韦影（2007）认为，企业组织的社会资本构成来自内部和外部两个方面，外部社会资本主要是组织与市场主体、研发机构、中介组织以及政府等相关部门的关系，而内部社会资本主要是组织生产、研发以及销售等各部门间的关系，对于组织社会资本的测量可以从结构维度、关系维度以及认知维度来进行。彭灿和李金蹊（2011）也认为，组织的社会资本由内部和外部社会资本共同组成，内部社会资本主要体现在组织内部成员间的规范和价值观念一致性程度，外部社会资本则主要表现在组织与外部组织机构间的联系。对于组织外部社会资本的测量可以从组织内外部互动、外部网络密度、内外信任度以及内外部共同语言等维度来进行。刘林平（2006）则认为，社会网络并不能直接等同于社会资本，从其本质上看，是组织在推动自身发展过程中建立社会关系网络所产生的交易费用。因此，需要从效用和生产来对组织的社会资本进行测量。在对企业组织的社会资本测量中，可以通过企业在社会关系建立和维护上所花费的资金（如组织公关、提成、招待等公共关系费用开支等）来衡量组织的社会资本投入。

（二）社会资本对组织发展的效应

现有研究发现，社会资本对社会组织的活力、资源获取以及组织发展等方面具有显著性影响。吴军民（2005）认为，社会资本具有自我强化和积累的特征，对社会组织的发展具有重要的作用，能够提升社会组织的活力和资源获取能力。张豪和张向前（2017）在对日本社会组织的研究中发现，日本政府对于社会组织的培育经历了多次变迁，而基于日本社会发展中所出现的复杂性问题逐渐增多，社会组织在日本社会救援、环境保护、社区照护以及国际交流和援助等社会治理中的作用获得重视。但对于日本社会组织自身来说，制约其组织发展的核心要素也是组织运行经费等生存资源。在传统模式下，社会组织会通过与政府建立外部社会网络联系，从而获得政府的直接性补助和扶持，但在这一模式下往往会带来社会组织的独立性缺失。同时，完全基于社会公益性资源供给来推动社会组织发展的模式也存在着较大的非稳定性。因此，日本社会组织在发展过程中通过积极与企业等外部主体间构建社会网络联系，提升自身的社会资本，不仅获得了组织成长需要的基础性生存资源，同时通过交流与合作也获得了先进的组织管理技术和手段，而且避免了过度依赖政府资源扶持出现的自主性问题，推动了社会组织的良性发展。高静（2019）认为，社会资本主要包含信任、互益互惠的规范及网络等三个维度，而信任作为社会资本的基础性要素，影响着其他两个重要维度。社会资本对于构建社区治理的良性运转体系具有重要的作用。在城市社区治理过程中，社会资本中的信任要素会在个体和组织层面产生调节效应；在个体层面，社会资本能够解决社区治理中的集体行为困境和优化社区中的人际关系；在组织层面，社会资本能够通过提升社区内部的凝聚力，从而促进社区居民参与社会组织的意愿和积极性，社区居民利用业余时间参与社会组织，能够推动社区社会组织的完善和发展。在社会资本的作用下，社区居民、社区社会组织与政府之间也能够构建起良好的信任关系，提升其信任水平，进一步推动社区有效治理。龚万达（2018）认为，社会组织的成长和发展离不开外部环境的影响，在制度环境和资源要素的共同作用下，社会组织的发展涉及成长资源获取、组织内部规范以及与外部组织间的互动等各个方面。但社会组织的社会资本存量对于其组织生存发展具有决定性作用，社会资本存量在一定程度上决定了社会组织的资源获取能力和功能性作用发挥，进而影响着社会组织的生存活力。在统筹推进社会组织协商的背景下，要发挥社会组织在民主政治建设中的协商功能，则必须通过社会资本的提升来推动社会组织的能力建设。社会资本中的信任要素对社会组织协商合作功能具有重要的促进作用，同时制度规范也促进了信任的形成。因此，发挥社会组织协商功能必须首先加强对社会组织的社会资本培育。潘泽泉和谢琰（2019）认为，从改革开放到现在，中国社会组织在社会治理中的作用不断凸显，并成为社会结构中的重要社会主体，社会组织不仅是承担政府事务性职能转移的重要载体，更是连接政府和社会的重要纽带。但社会组织的可持续性健康发展离不开公民的共同参与，社会资本对于公民参与社会组织的行为活力具有显著性影响。具体来看，社会资本的人际网络维度对公民的社会组织参与具有显著的正向影响作用，随着社会公民的社会关系网络扩展，将会显著性提升其社会组织参与度，但社会资本的社会信任维度对公民的社会组织参与没有显著性因果关系，而这一原因的产生与传统社会向现代社会转移过程中的"熟人社会"解体有关。当前，需要从人际关系网络和社会信任的角度进一步提升社会资本存量，从而促进社会公民参与社会组织的意愿，推动社会组织的发展。陈天祥和王佳利（2019）基于中国省级面板数据，对社会组织发展的影响因素进行研究发现，社会组织的发展会受到社会资本的影响，且在社会团体、民办非企业单位以及基金会等不同的组织类型中产生显著性差异。社会资本中的政府治理对社会团体的发展具有正向影响，但对民办非企业单位和基金会的影响并不显著；社会资本中的市场化程度对社会团体、民办非企业单位以及基金会的发展水平均具有正向促进作用；社会资本中的社会公益性捐赠对社会团体、民办非企业单位以及基金会的发展水平同样也具有显著的正向效应。同时，社会资本在对不同区域社会组织发展的影响方面，西部民办非企业类社会组织发展水平会受到社会资本中的政府治理因素的抑制，东部地区的社会组织会受到市场化程度的负向影响，而社会资本中的社会公益性捐赠则对东、西、东北地区的社会组织发展水平具有显著的促进作用。

（三）社会组织对社会资本的作用

社会资本存在于社会网络之中，不仅会对社会组织的发展带来影响，同时社会组织的成长也会对地区和个体的社会资本提升带来显著性促进作用。毛佩瑾等（2017）发现，社会组织作为公民共同参与的集合体，具有整合社会资源的重要性功能，同时也可以帮助公民拓展社会资源的获取渠道，是其提升社会资本的重要路径。从宏观来看，公民参与公益、互益以及综合等三类社区社会组织均会提升其自身的社会资本，社会组织对公民的社会资本形成与丰富具有显著的促进作用。而从微观来看，社区公民参与不同类型的社会组织也会给其不同的社会资本获取带来一定的差异，参与公益类或慈善类社区社会组织对社区公民社会资本中的公民性要素具有正向影响作用，但对于社会资本中的非正式性社会联系以及互惠性提升没有显著性影响。社区公民参与互益性组织对其非正式性社会联系具有显著的促进作用，社区公民通过参与互益性社会组织能够帮助个体建立社区关系网络，增加个体的社会支持，同时互益性组织对于社区公民的志愿性和公共价值的提升没有明显的驱动作用。而社区公民参与综合类社会组织对其社会资本均会产生显著的促进作用。赵罗英和夏建中（2014）认为，中国社区在基础设施、管理机构等硬件方面的建设取得了较好的成效，但在社区公民参与、社区文化、社区关系网络以及社区认同感和归属感等软件建设方面仍然存在着不足，社区社会资本水平较低。而社区社会组织作为社区公民共同参与的利益集合体，具有针对性的活动范围和组织目的，能够满足社区公民的基本需求，并通过社会关系网络产生较多的社会资本，有利于提升社区治理的效率。社区社会组织作为培育社会资本的重要载体，能够扩展社会关系网络，通过促进社区治理主体间的协同合作来完善社区公共服务和社区公共治理。同时，社区社会组织还能够促进社会资本中的正式制度与非正式规范的形成，并提升社区主体间的信任度，从而增强社区的凝聚力。翁玉华（2019）也认为，社会组织是社会资本形成和丰富的重要平台，能够通过社会组织来提升个体的社会资本。社会组织能够提供社会关系网络的支持环境，从而提升个体间的信任、交流与合作。社会组织还能够为处于社会边缘地带的人群提供关系网络，帮助边缘化群体通过交流和互助来获得心理重构。因此，社会组织的发展对于社会资本具有显著的溢出效应。高红和杨秀勇（2018）也发现，当前，社区作为社会治理的基础性单元，呈现出原子化和分散化特征。而要对社区进行有效治理，则必须大力培育社区社会组织。社区社会组织不仅可以克服当前社区治理的行政化困境，同时在公民与政府间的横向连接中具有桥梁作用，还有利于完善社会主体间的信任、互惠以及参与网络，从而提升社区社会资本水平。

综上所述，本章试图在现有的理论基础上对科技社团的资源依赖行为提供理论依据和理论借鉴。在资源依赖理论的运用上，以资源依赖理论作为理论指导，解释科技社团资源依赖行为的发生背景与行为分类，并结合科技社团行为策略对科技社团资源依赖行为的过程进行深入分析和探讨；在组织生命周期理论的运用上，将其运用于科技社团资源依赖行为的动因，结合组织生命周期理论对科技社团在不同生命周期的资源依赖行为进行归纳和预测，分析是什么原因产生了科技社团的资源依赖行为；在组织行为理论的运用方面，主要将其理论观点植入分析科技社团的资源依赖行为的发生过程，通过理论指导对科技社团资源依赖行为过程进行分析，并结合现实情况，研究科技社团到底是怎么样去进行资源依赖行为的；此外，在社会资本理论的运用上，试图运用理论对科技社团资源依赖行为的选择结果进行分析，并对科技社团资源依赖行为优化设计进行理论指导和顶层规划。

第三章　科技社团资源依赖行为结构

科技社团的资源依赖行为是一个多维、动态、复杂的系统性综合问题，科技社团资源依赖行为内容和行为对象逐渐呈现出多元化特征。因此，本章主要对科技社团资源依赖行为进行科学解构，分析科技社团资源依赖行为是什么，从科技社团资源依赖行为的主体出发，研究科技社团资源依赖行为的表现形式、依赖媒介以及行为指向，构建一个符合科技社团实际的资源依赖行为研究分析框架，为后续章节提供研究分析基础。

第一节　行为主体

一、行为主体界定

科技社团是科技工作者自愿组成的科技类社会组织，作为非机构化的、可接受非职业科学家参与的科学共同体组织形态而存在（王春法，2012）。要对科技社团的资源依赖行为进行研究，首先需要对其主体进行界定。本书将科技社团资源依赖行为的主体界定为：在民政部门登记并接受科学技术协会业务指导的学会、协会、研究会。依据中国科学技术协会对于科技社团的统计分类，可以将科技社团分为理科类科技社团、工科类科技社团、农科类科技社团、医科类科技社团、综合学科类科技社团、委托管理类科技社团以及高校科协七类，如图 3 – 1 所示。

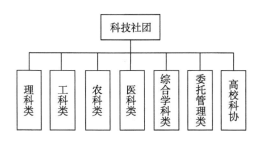

图 3 - 1　科技社团资源依赖行为主体分类

同时，在行为主体界定中，高校科协不具有完全的社会组织属性，高校科协所开展的组织活动主要是针对校内学生科技社团以及将社团办公场所设立在学校内的科技社团进行管理和协调，其本身具有一定的管理部门属性。因此，在对基层科技社团的研究中，为了研究的可行性和科学性，我们将高校科协这一研究对象予以剔除，不纳入本书的后续研究。此外，针对委托管理类的科技社团，我们在研究中从其组织本身的学科属性对其进行重新分类界定，将委托管理类科技社团分别归类为相关学科领域的科技社团中，不进行单独讨论。

在研究样本的选择上，本书将 W 市科技社团作为分析对象，主要基于两个方面的考虑：一是 W 市位于中国中部地区，不仅是国家中心城市，同时也是长江经济带和长江中游城市群的核心城市之一，是中部崛起的重要战略支点。二是 W 市作为国家重要的科教基地，科教实力位居全国前列，在校大学生数量全球第一，拥有高校 128 所，科研院所 2300 多家，拥有多个国家级科研基地、国家重点实验室以及国家研究中心，是国家全面创新改革试验区和国家自主创新示范区。同时，W 市科技社团数量众多，发展较为完善。科技社团在学科分布上基本涵盖了理、工、农、医以及交叉学科类，各类科技社团的数量和规模分布较为均匀。在 W 市区域范围内选取了 99 家具有代表性的科技社团进行问卷调查和深入访谈，并按照组织类型分配调查样本：理科类 18 家；工科类 23 家；农科类 8 家；医科类 24 家；综合学科类 21 家；委托管理类 5 家。有效问卷共涵盖各类科技社团共 81 家，分布如图 3 - 2 所示。

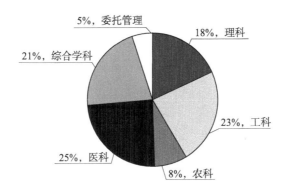

图 3 - 2　科技社团资源依赖行为研究样本分布

二、行为主体的样本概况

(一) 科技社团成立状况

1. 科技社团成立时间

在调研中发现，81 家科技社团成立时间最早的是 1921 年，成立时间最晚的是 2013 年。通过调研数据，对比各个时间段的科技社团数量发现，1981—2000 年科技社团成立数量最多，有 40 家科技社团成立，这一时间段 W 市科技社团的增幅最为显著，是 1921—1940 年间科技社团总数的近 20 倍，所占比例高达 49.4%。在 1941—1960 年和 1961—1980 年科技社团的增幅也较为显著，数量分别为 13 家、12 家，占比依次为 16%、14.8%。2001—2014 年共有 9 家科技社团成立，这一时间段科技社团的增幅相对来说较低、增长速度也比较缓慢。原因是 2000 年后 W 市积极推进社会组织的重新登记、清理规范等工作，对未依法登记成立的科技社团进行了清理。从统计数据来看虽然在一些时间段内科技社团的数量相对于上一时间段有增有减，但总体 W 市科技社团的总数不断增加。如图 3 - 3 所示。

2. 科技社团成立规模变化

研究从"增加""减少""不变"三个维度，对 W 市科技社团自成立以来规模的变化情况进行调研分析。发现在 W 市科技社团中，有 69.1% 的组织规模增加，17.3% 保持不变，规模减小的科技社团占 9.9%。依照数据显示的结果，总的来说绝大部分科技社团随着时间的变化其规模也相应扩大，超过调查总数的三分之二。所占份额次之的是保持原有规模的学会，另外，自成立以来规模减小的学会也占据了将近六分之一，如图3-4所示。

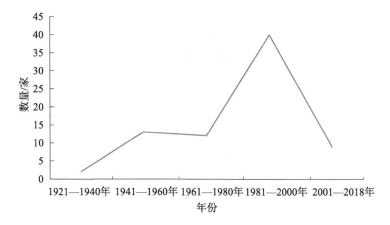

图3-3 科技社团成立时间

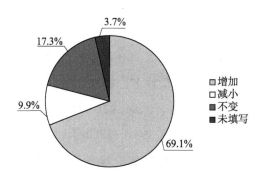

图3-4 科技社团成立以来规模变化

3. 科技社团成立背景

在对W市科技社团成立背景和原因进行调查时，除81家科技社团中有4份问卷未按要求进行填写外，37家是由行业自发成立的；16家是由政府部门发动成立的；10家是由政府倡议，企业自愿成立的；6家是由高校发动成立的；5家是上级社会组织的分会（分支机构），因其他原因成立的科技社团有3家。通过分析科技社团成立的原因可以看出，行业自发和政府发起是推动科技社团成立的两大主要力量，近78%的科技社团是由政府发动和行业自发成立的，如图3-5所示。

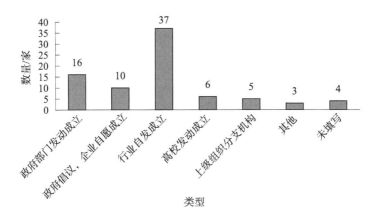

图 3 - 5　科技社团成立背景

4. 科技社团成立注册资金及其来源

在对 W 市 81 家科技社团的调研中发现，注册资金为 1 万元、2 万元、3 万元、4 万元、5 万元、10 万元、1000 万元的科技社团分别有 1 家、3 家、56 家、1 家、2 家、1 家、1 家，未填写的有 7 家。同时在被调查的 81 家科技社团中有 9 家注册资金为 0 万元，即不存在注册资金这一说法，"0 注册资金"占被调查科技社团总数的 11.1%。注册资金为 3 万元的科技社团规模超过被调查科技社团总数的三分之二，所占比例为 69.1%。注册资金大于 10 万元的科技社团一共有 2 家，其金额分别为 10 万元、1000 万元，所占比例为 2.5%。所有被调查科技社团的平均注册资金为 14.8 万元，只有 1.2% 的科技社团达到了平均水平，98.8% 的科技社团均低于平均水平。这说明在被调查的 81 家社会组织中注册资金金额差异较大，有些科技社团不用出资、甚至以较少的注册资金就可以成立，如图 3 -6 所示。

在科技社团注册资金的来源方面。科技社团注册资金的出资方式有：政府相关职能部门、企业、自然人、高校及其他（如：业务主管单位、会员会费、科技社团前的技术服务费和学术活动费、集体筹资等），这五种方式所占比例分别为 21%、13.6%、17.3%、7.4%、25.9%。在这五种出资方式中其他（挂靠单位、会员会费、科技社团成立前的技术服务费和学术活动费、集体筹资等）所占比例最高，将近 26%。而政府相关职能部门、企业、自然人、高校也是科技社团注册资金的主要出资来源主体，如图 3 -7 所示。

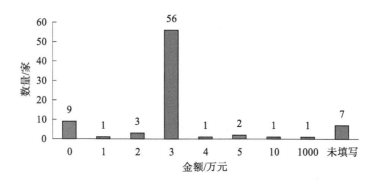

图 3 - 6　科技社团注册资金

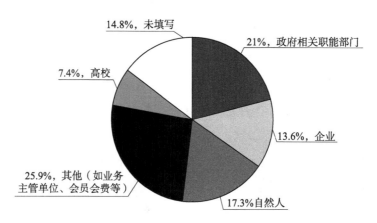

图 3 - 7　科技社团注册资金来源

（二）科技社团办公场所状况

办公场所是科技社团开展日常活动、管理组织内部事务的主要场所。对科技社团"办公场所"调查所得结果显示：在被调查的 81 家科技社团中 3 份问卷未按要求进行填写，"没有独立办公场所"的科技社团有 29 家，超过被调查科技社团总数的三分之一，所占比例达 35.8%；通过"租赁使用"办公场所的科技社团有 15 家，所占比例为 18.5%；办公场所由"会员企业提供"的科技社团有 12 家，所占比例达 14.8%；由其他（如：业务主管单位提供、关系单位友情提供等）方式获得办公场所的科技社团有 9 家，所占比例达 11.1%；6 家科技社团拥有"自有产权"的办公场所，所占比例达 7.4%；由"学校提供"办公场所的科技社团有 5 家，所占比例达 6.2%；通过"临时租用"获得办公场所的科技社团有 2 家，所占比例达 2.5%。综合来看，将近 36% 的科技社团没有独立办公场所，通过租赁、会员企业或挂靠单位提供获得办公产所的科技社团占 45%，仅有 7% 的科技社团拥有办公场所的产权，如表 3-1 所示。

表 3-1　科技社团办公场所状况

场所	数量/家	百分比
自有产权	6	7.4%
租赁使用	15	18.5%
会员企业提供	12	14.8%
学校提供	5	6.2%
临时租用	2	2.5%
没有独立的办公场所	29	35.8%
其他（如：业务主管单位提供、关系单位友情提供等）	9	11.1%
未填写	3	3.7%
合计	81	100%

（三）科技社团人力资源状况

1. 专职工作人员状况

科技社团组织内部的人力资源主要由专职工作人员、兼职工作人员以及社会志愿者共同构成。在调研中发现，W 市 81 家科技社团中有专职工作人员的为 40 家，占总数的 49.4%；没有专职工作人员的为 36 家，占总数的 44.4%；未填写的为 5 家，占总数的 6.2%，如图 3-8 所示。

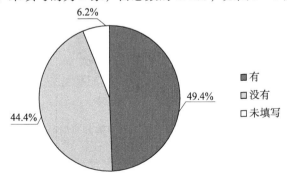

图 3-8　科技社团专职工作人员状况

专职工作人员性别比例方面。在40家科技社团中，男性专职工作人员46人，占总人数的51.1%；女性专职工作人员44人，占总人数的48.9%，男、女专职工作人员数量比例较为均衡，如图3-9所示。

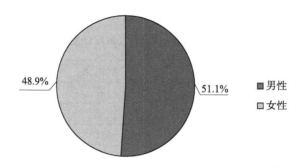

图3-9　科技社团专职工作人员性别状况

专职工作人员年龄结构方面。根据调研数据显示，在40家科技社团中，共有专职工作人员90人。其中，30岁以下的专职工作人员5人，占总人数的5.6%；30~35岁的专职工作人员9人，占总人数的10%；36~45岁的专职工作人员9人，占总人数的10%；46~55岁的专职工作人员21人，占总人数的23.3%；56~60岁的专职工作人员12人，占总人数的13.3%；60岁以上的专职工作人员34人，占总人数的37.8%。如图3-10所示。

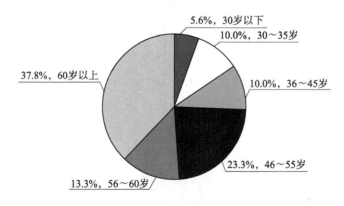

图3-10　专职工作人员年龄分布情况

专职工作人员学历结构方面。学历在大专以下的专职工作人员5人，占总人数的 5.6%；学历为大专的专职工作人员 23 人，占总人数的 25.6%；本科学历专职工作人员 48 人，占总人数的 53.3%；硕士研究生学历的专职工作人员 13 人，占总人数的 14.4%；博士研究生学历的专职工作人员 1 人，占总人数的 1.1%。综合来看，专职工作人员中本科学历人数最多，占总人数的一半以上，如图 3-11 所示。

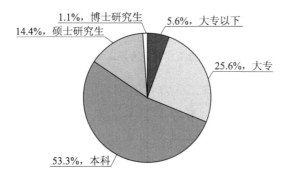

图 3-11　专职工作人员学历结构分布情况

专职工作人员工作背景方面。在 90 名专职工作人员中，具有政府工作背景的专职工作人员 31 人，占总人数的 34.4%，具有大学或科研机构工作背景的专职工作人员 18 人，占总人数的 20%，其他工作背景人员 41 人，占总人数的 45.6%，如图 3-12 所示。

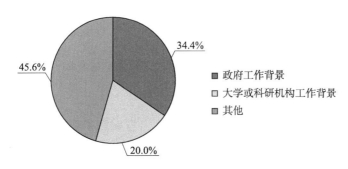

图 3-12　专职工作人员工作背景情况

在具有政府工作背景的专职工作人员中，厅局级及以上行政级别 7 人，占总人数的 22.6%，县处级行政级别 17 人，占总人数的 54.8%，乡科级及以下行政级别 7 人，占总人数的 22.6%，如图 3-13 所示。

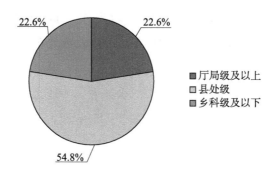

图 3 – 13　政府工作背景专职工作人员级别情况

在具有大学和科研机构工作背景的专职工作人员中，教授职称 3 人，占总人数的 16.7%；副教授职称 11 人，占总人数的 61.1%；讲师职称 3 人，占总人数的 16.7%；助教及以下职称 1 人，占总人数的 5.5%，如图 3 – 14 所示。

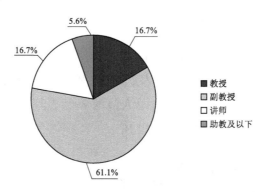

图 3 – 14　科研背景专职工作人员职称情况

2. 兼职工作人员状况

调研发现，在 W 市 81 家科技社团中，有兼职工作人员的科技社团数量为 61 家，占被调查科技社团总数的 75.3%，没有兼职工作人员的科技社团数量为 13 家，占被调查科技社团总数的 16%，未填写的科技社团数量为 7 家，占被调查科技社团总数的 8.6%。综合来看，有兼职工作人员的科技社团数量约占总数量的四分之三，如图 3 – 15 所示。

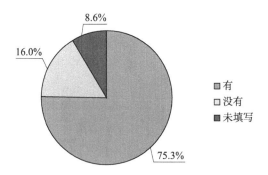

图 3 - 15　科技社团兼职工作人员情况

　　在兼职工作人员性别比例方面。有兼职工作人员的 61 家科技社团中，共有 240 名兼职工作人员。其中，男性 140 人，占总人数的 58.3%，女性 100 人，占总人数的 41.7%。男女比例为 1.4:1，如图 3 - 16 所示。

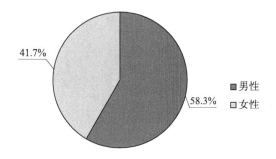

图 3 - 16　科技社团兼职工作人员性别状况

　　在兼职工作人员年龄结构方面。240 名兼职工作人员中，30 岁以下 10 人，占总人数的 4.2%；30 ~ 35 岁 36 人，占总人数的 15%；36 ~ 45 岁 73 人，占总人数的 30.4%；46 ~ 55 岁 65 人，占总人数的 27.1%；56 ~ 60 岁 32 人，占总人数的 13.3%；60 岁以上 24 人，占总人数的 10%。综合来看，36 ~ 45 岁人数最多，约占总人数的三分之一，如图 3 - 17 所示。

　　在兼职工作人员学历结构方面。学历为大专以下的 2 人，占总人数的 0.1%；学历为大专的 25 人，占总人数的 10.3%；学历为本科的 96 人，占总人数的 40%；学历为硕士研究生的 46 人，占总人数的 19.2%；学历为博士研究生的 71 人，占总人数的 29.5%。如图 3 - 18 所示。

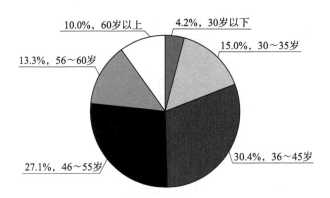

图 3 - 17 兼职工作人员年龄分布情况

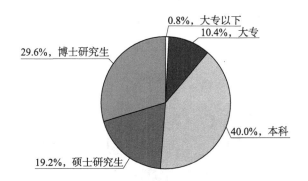

图 3 - 18 兼职工作人员学历结构分布情况

在兼职工作人员工作背景方面。在 240 名兼职工作人员中，具有政府工作背景的 20 人，具有高校或科研机构工作背景的 126 人，其他工作背景人员 94 人，分别占比 8.3%、39.2% 和 52.9%，如图 3 - 19 所示。

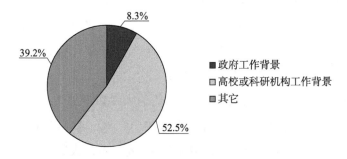

图 3 - 19 兼职工作人员工作背景分布情况

在具有政府工作背景的兼职工作人员中，厅局级及以上人数为 4 人，占总人数的 20%；县处级人数为 7 人，占总人数的 35%；乡科级及以下人数为 9 人，占总人数的 45%，如图 3 - 20 所示。

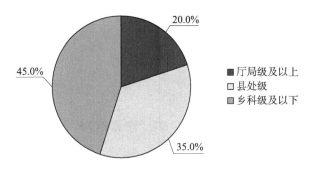

图 3 - 20 政府背景兼职工作人员行政级别情况

在具有大学和科研机构工作背景的专职工作人员中，教授职称 65 人，占总人数的 51.6%；副教授职称 31 人，占总人数的 24.6%；讲师职称 19 人，占总人数的 15.1%；助教及以下职称 11 人，占总人数的 8.7%，如图 3 - 21 所示。

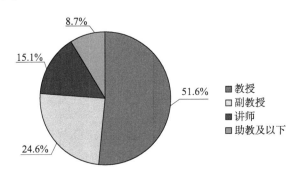

图 3 - 21 科研背景兼职工作人员职称情况

3. 志愿者状况

通过研究分析发现，在 W 市 81 家科技社团中，有志愿者的科技社团数量为 7 家，仅占被调查科技社团总数的 8.6%，没有志愿者的科技社团数量为 63 家，占被调查科技社团总数的 77.8%，未填写的科技社团数量为 11 家，占被调查科技社团总数的 13.6%，如图 3 - 22 所示。

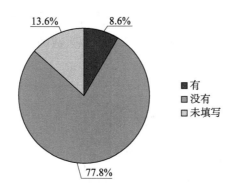

图 3 - 22　科技社团志愿者情况

在志愿者性别比例方面。在有志愿者的 7 家科技社团中，志愿者总数为 134 人。其中，男性志愿者人数为 78 人，占总人数的 58.2%；女性志愿者人数为 56 人，占总人数的 41.8%，如图 3 - 23 所示。

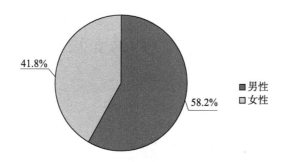

图 3 - 23　科技社团志愿者性别比例

在志愿者年龄结构方面。134 名志愿者中，30 岁以下的志愿者人数为 106 人，占总人数的 79.1%；30 ~ 35 岁的志愿者人数为 10 人，占总人数的 7.5%；36 ~ 45 岁的人数为 10 人，占总人数的 7.5%，46 ~ 55 岁的志愿者为 0 人；56 ~ 60 岁的志愿者人数为 1 人，占总人数的 0.7%；60 岁以上的志愿者人数为 7 人，占总人数的 5.2%。综合来看，30 岁以下的志愿者人数最多，约占总人数的三分之二以上，如图 3 - 24 所示。

在志愿者学历结构方面。大专以下的志愿者人数为 1 人，占总人数的 0.7%；学历为大专的志愿者人数为 15 人，占总人数的 11.2%；学历为本科的志愿者人数为 74 人，占总人数的 55.3%；学历为硕士研究生的志愿者人数为 44 人，占总人数的 32.8%；志愿者中没有博士研究生学历。综合来看，志愿者中本科学历的人数最多，占总人数的二分之一以上，如图 3 - 25 所示。

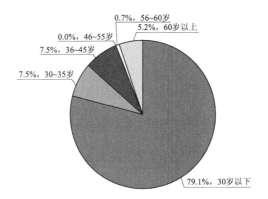

图 3 - 24　科技社团志愿者年龄结构分布

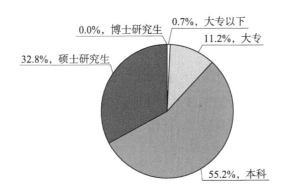

图 3 - 25　科技社团志愿者学历结构分布

志愿者工作背景方面。在 134 名志愿者中，均没有政府工作背景，拥有政府背景的人参与科技社团往往会承担组织兼职或顾问工作，一般不会以志愿者的形式存在。同时，具有高校及科研机构背景的志愿者共有 4 人，其中教授 1 人，占总人数的 25%，副教授 2 人，占总人数的 50%，助教及以下人数 1 人，占总人数的 25%，讲师人数为 0，如图 3 - 26 所示。

综合来看，科技社团组织内部的人力资源主要由专职人员、兼职人员及社会志愿者共同构成。在调研中发现，当前 W 市科技社团兼职工作人员在很大程度上取代了专职工作人员角色，另外，科技社团社会志愿者也严

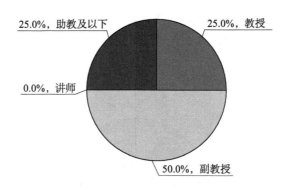

图 3 – 26　科技社团志愿者职称分布

重匮乏。专职工作人员是维持科技社团正常运转的重要人力资源，可以保证组织工作时间上的连续性和专业上的针对性，但当前有专职工作人员的科技社团仅占科技社团总数的 49.4%。兼职工作人员和志愿者是能够被科技社团充分利用的人力资源，兼职工作人员由于获取成本较低，在科技社团中占有很大比例，75% 以上的科技社团都有兼职人员，但由于兼职人员流动性较强，无法很好保证科技社团工作的连续性。此外，志愿者是科技社团待深入开发的人力资源，科技社团可以将社会结构中的优质人力资源通过志愿者形式进行利用，通过合理的机制让其在科技社团中发挥作用，但当前，77% 以上的被调研科技社团中没有社会志愿者。

（四）科技社团财务状况

1. 科技社团收入情况

在 W 市 81 家科技社团的财务状况分析中，根据调研数据显示，科技社团年度收入为零的有 13 家，占比达 16%；收入在 1 ~ 10000 元的科技社团 8 家，占总数量的 9.9%；收入在 10001 ~ 30000 元之间的科技社团 11 家，占社团总数的 13.6%；年度总收入超过 30000 元以上的科技社团 19 家，占总数的 23.5%。同时，通过对 30 家未填写的科技社团深度访谈发现，大部分科技社团因为内部规章制度尚未完善，没有组织运行记录系统和流程，加之组织发展中途负责人更换，导致部分数据未知而无法填写，如图 3 – 27 所示。

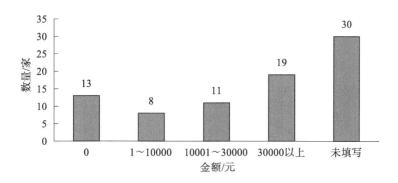

图 3 - 27　科技社团年度总收入金额分布

在科技社团收入来源方面。综合来看，在调研的 81 家科技社团中，主要收入来源为会费、科协资助、挂靠或主管单位资助、承接委托或购买服务、经营性收入以及社会捐赠。收入来源比重最大的是收取会费，占比达55.6%；通过 W 市科协资助的科技社团占比13.6%；通过挂靠或主管单位资助的科技社团占比19.8%，这些是被调查科技社团收入占比较大的几个渠道。其他收入渠道均占比很小，"承接委托或购买服务"仅占比6.2%，通过经营获得收入的学会只占比4.9%；"社会捐赠"占比为0，如图3 - 28 所示。

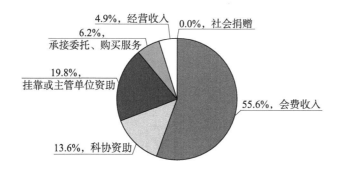

图 3 - 28　科技社团收入来源分布

在科技社团会费收取方面。会费作为维持 W 市科技社团生存发展的重要资金来源，在调研的 81 家科技社团中，应收取会费总额为2175334 元，实际收取会费总额为1308530 元。同时，在 W 市科技社团中，能将应收取的会费全部收齐的科技社团仅占10%，收不齐会费的占34%，没有收到任何会费的达 16%，如图 3 - 29 所示。

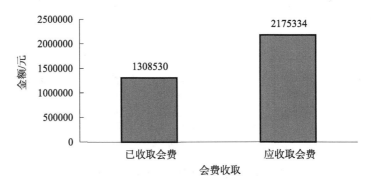

图 3 - 29　科技社团会费收取情况

2. 科技社团支出情况

通过调研数据显示，除 30 家未填写问卷的科技社团外，W 市科技社团年度总支出在 3 万元以上的有 22 家，达到 27.2%；支出 10001 ~ 30000 元的科技社团有 10 家，占总数的 12.3%；支出 1 ~ 10000 元的科技社团有 8 家，占科技社团总数的 9.9%。此外，还有 14.8% 的科技社团总支出为 0。通过访谈发现，没有年度支出的科技社团每年举办的活动比较少，或是通过其他渠道获得资助来举办活动，自己不必支出，如图 3 - 30 所示。

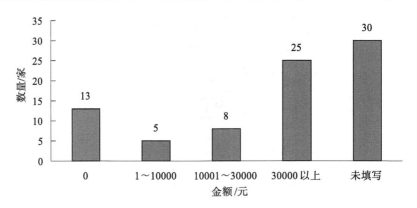

图 3 - 30　科技社团总支出情况

在科技社团支出项目分布方面，业务活动、办公经费、员工工资和公益性活动是 W 市科技社团主要支出项目，占比分别达到 51%、25%、18%、6%，如图 3 - 31 所示。

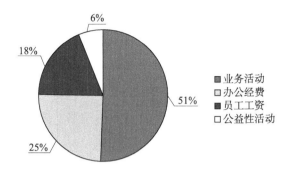

图 3 – 31　科技社团支出项目分布

综合来看，因 W 市科技社团经费来源渠道狭窄，会费收取状况不容乐观，且整体收入有限，多数科技社团收入无法满足组织开支。科技社团收入方式单一，组织在运行发展过程中支出项目较多但收入来源不稳定，大部分科技社团组织经费满足不了组织运行开支。

第二节　行为表现形式

一、直接性资源索取模式

直接性资源索取模式是科技社团在资源依赖行为中的主要表现形式，指的是科技社团在资源依赖行为中没有与外部环境进行资源交换，所采取的一种资源获取方式。在这样一种模式下，科技社团的资源依赖行为主要表现为"依附行为"，即对资源拥有主体的"依附"，从而进行单向的资源"汲取"。现有研究认为，当前行业协会等社会组织仍然镶嵌于国家机构内部，成为依附于地方政府的工具（张华，2015）。而大部分社会组织不具备"造血"功能（栾晓峰，2017）。在外部制度不健全、行政权威缺乏监督、政治透明度低以及非市场化资源竞争的背景下，政府官员所拥有的行政权威更容易产生"权力寻租"。社会组织为了成长，将会采取政治关联来作为正式制度不健全下的资源获取替代机制，通过依附手段使组织的合法性得到提升，并能够规避政治风险，从而利用"政治资本"来获得组织生存发展资源，带来积极的经济效应（李朔严，2017；Acquaah，2007）。同时，政治关联能够拓展社会组织的资源获取路径，提升社会组织与政府等社会主体间的资源互动频率，形成资源信息共享平台，从而改善社会组织的成长绩效。社会组织建立政治关联还可以利用政府力量对侵权等外部干预行为进行防范（罗翊崔，2015）。与政治贿赂、政治干预不同，政治关联在法律层面上是合法的（黄一松，2018）。

　　基于中国特殊国情与制度框架，我国社会组织资源依附的途径主要集中在以下三个方面：第一，具有政府背景的社会组织形成的天然"依附"。现有研究认为，如果在一个组织中，其产权拥有主体为政府或其授权的相关管理机构，那么基于组织的自身产权性质，会与政府间形成天然的政治联系。而且组织中政府所拥有的产权比例越高，组织政治关联程度越强，同时也越容易获得组织成长资源（Li et al.，2008）。在这一途径下，社会组织往往不需要主动去建立政治关联，其组织自身所具有的天然政治联系能够为其提供一定的经济利益。第二，社会组织主动寻求与政府部门建立显性依附行为。在国外，社会组织中的核心管理者能够通过竞选等方式进入政府部门担任领导职务，从而建立起政治关联（Claessens et al.，2008）。而我国社会组织建立显性依附行为的主要方式是通过聘请政府及相关管理机构的现任或退休领导到组织中任职、担任"顾问"，或者为其组织活动进行"站台"。第三，社会组织通过关系网络建立隐性依附。社会组织领导者通过其人脉关系和社会影响力，在社会网络中与政府官员等资源拥有者建立密切的私人联系，通过彼此间的交往和交换来形成政治关联。同时，一些社会组织还会通过承接政府职能或参与社会公益性活动来积累社会影响力，进而获得隐性政治联系来进行资源获取（Chen et al.，2005）。因此，在科技社团直接性资源索取模式下，只能采取依附行为来推动自身发展，且显得"束手束脚"，如图 3 – 32 所示。

图 3 – 32　科技社团直接性资源索取模式中的资源依赖行为

科技社团在直接性资源索取模式下，一般来说都处于组织生存初期，且受到自身能力和外部环境等因素的约束，科技社团自身发展所需要的资源无法自给自足，科技社团在这一阶段的生存性资源获取往往采用直接性资源索取模式，即直接向会员或业务主管部门（挂靠单位）索求资金、人员，从而获取自身发展所需要的各类生存性资源。

在组织创业（萌芽）时期，由于科技社团的学术交流属性，导致了科技社团没有面向社会提供公共服务的意愿。同时，其自身的能力也相对弱小，且无法依靠自身所提供的产品和服务来获取科技社团发展所需要的资源。但为了在市场化环境中生存下去，科技社团在这一阶段，组织自身缺乏与外部组织进行交易的资本，也只有从组织会员和政府部门才能得到资源回应。从组织会员来看，需要通过科技社团来为自身寻找到"社会归属"和取得社会资本；而从政府部门来看，在国家大力推行政府职能转移的大背景下，科技社团将逐渐承担一些科技类的社会服务，政府需要将一部分不能做、不好做、做不好的科技类社会事务转移给科技社团，因此，政府部门也需要培养和培育一批有能力的科技社团来承接其服务型职能，通过资源供给来培育科技社团，促使科技社团在承接政府职能转移过程中承接得住、承接得好。

在"强政府"模式以及历史背景下，政府为了增加"社会话语权"，培育了一大批科技社团来承接其职能，充当政府的社会"代言人"。福斯特（Foster，2002）在对烟台行业协会的调研中发现，行业协会是国家装置（器官）的部分。朱英（2003）也认为政府必须利用行业协会达到各方面的目的。现有的科技社团很大一部分都具有官方背景，要么是直接从政府部门改制而来，要么是由政府部门后期成立的，这一部分科技社团从组织成立之初到现在，生存资源一直都依赖于政府部门的供给，其资源依赖方式已经形成了制度惯性（路径依赖）。科技社团在自身能力和资源匮乏的情况下，只有对政府进行依附行为，才能获取权威资源。在科技社团治理转型过程中，外部政策的改变同时也导致了具有政府背景的科技社团资金来源较为单一，活动收入无法直接在组织中进行分配，缺乏财政自主权，运行经费受制于资源供给部门，依附于政府的直接性资源索取是这一部分科技社团的主要资源依赖模式。此外，在学术交流型科技社团中，由于专业化程度较高，组织活动较为单一，其开展的活动主要是社团内部成员之间的学术交流，外部群体如社会公民等很难参与到科技社团中来，组织运行经费主要来源于对会员的会费收取。

在国家对科技社团治理转型过程中，科技社团将逐步与政府部门脱钩，完全去除其行政化背景（潘建红和石珂，2015）。同时，在现代社会治理背景下，科技社团将逐渐参与到科技类社会服务中去，科技社团对于政府部门的直接性资源索取将进一步减弱，政府部门对于科技社团直接性资源索取的回应性也将相应降低，科技社团资源依赖行为方式将逐渐由资源索取向资源互换转移。

二、间接性资源互换模式

资源依赖理论在传统的新制度主义理论基础上认为，组织虽然处于外部环境的影响中，但除了传统新制度主义理论所认为的被动服从环境以外（郭毅等，2007），大部分组织将会通过自身积极的行动策略来进行资源互动，不断地调整组织对环境的依赖程度。

间接性资源互换模式是现代科技社团的生存资源依赖主要模式，其资源依赖行为主要为"服务"。与直接性资源索取模式不同，在间接性资源互换模式下，科技社团与政府部门脱钩，可以通过自身独立提供的公共服务来向外界换取发展所需要的各类资源。如图 3 - 33 所示。

图 3 - 33　科技社团间接性资源互换模式中的资源依赖行为

根据资源依赖理论，任何一个组织都无法自给自足，都需要通过与外部环境交换来换取自身所需要的资源，并通过这种交换来降低组织的外部控制。科技社团在发展过程中，主要资源障碍是资金。科技社团不同于其他社会组织，其组织成员的学历、能力等综合素质相对较高，在组织运行过程中，缺乏运行经费是科技社团生存发展的重要瓶颈。过去科技社团主要依靠会员会费收入以及挂靠单位等部门的经费支持，而在新的社会治理环境下，科技社团与政府部门将全部脱钩，无论是在体制上还是在组织运行机制上都与过去的科技社团不同，科技社团的资源获取越来越依赖于社会选择，而非政府的直接扶持。

随着经济社会的不断发展，国外已有许多科技社团从单纯的"学术交流型社团"转向了"社会服务型社团"，其组织功能不断丰富，组织活动不仅仅是过去单纯的学术交流，科技社团逐渐承担了一部分由政府部门转移出来的科技类社会公共职能，面向社会独立开展一些诸如决策咨询、科技评价以及科学普及等类型的社会公共事务。同时，在我国，大部分科技社团也逐渐从萌芽时期转向了发展时期，科技社团已经从过去政府培育模式下的"引导性发展"转向了政府监督模式下的"指导性发展"。根据调研发现，我国已有部分科技社团在政府的让渡空间内开展科技类社会公共服务，并面向社会提供科技类公共服务产品，例如在会员和企业之间搭建科技成果转化桥梁、面向社会公众提供科学普及服务，一些医学类科技社团还接受政府职能转移，承担起了医疗事故鉴定等公共服务职能，这一部分科技社团不再像传统科技社团那样，仅仅依赖于会费收入来获取发展资金，而是通过自身的公共服务和公共产品来与外部环境，如与政府、企业等组织进行资源互换，从而获得自身发展所需要的各类资源。

科技社团的间接性资源互换方式影响着科技社团的发展，但当前，科技社团在承担政府职能类的资源互换行为中仍然处于弱势地位，科技社团从整体上看承担政府职能的能力还不足，这一现象的产生并非由于科技社团中会员的能力不足造成，而是由于科技社团的组织体制机制落后，与社会或者政府需求产生矛盾而导致的。同时，科技社团在面向企业的资源互换行为中，由于企业对科技社团的选择呈现出多样化，且具有可替代性，科技社团的产品和服务还无法跟上企业的需求。而在科技社团与社会进行资源互换行为中，科技社团的专业化水平、权威性、公信力以及知名度不够也是导致其资源互换失败的重要因素。

三、合作性资源共获模式

合作性资源共获模式是科技社团通过"合谋"等非市场化竞争手段进行资源俘获，在合作性资源共获模式下，科技社团的资源依赖行为主要为"合谋"，通过与外部组织间的非正常合作来获取组织生存发展的资源，通常这一行为发生在科技社团与企业之间进行的利益交换。如图 3 – 34 所示：

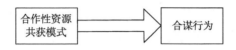

图 3 – 34　科技社团合作性资源共获模式中的资源依赖行为

在科技社团的合作性资源共获模式下，科技社团将跳出市场竞争，通过非市场竞争手段与外部组织之间的合谋获得生存资源。在经济社会的不断发展过程中，市场化竞争环境逐渐形成，政府在科技社团治理模式转型的背景下，将逐步与科技社团脱钩，减少或停止对科技社团的直接供给。而科技社团在市场化环境下要想获得自身发展所需要的资源，则必须通过提供公共产品和公共服务来换取生存资源。当科技社团外部监管机制尚未健全时，科技社团在资源依赖行为中将会与外部组织之间进行利益合谋，通过合谋的方式进行资源互换，从而获得自身发展所需要的资源。

当前，我国科技社团还处于发展时期，科技社团提供的产品和服务更多地依赖于政府的委托或企业的购买。从政府层面来看，科技社团在能力弱小的状态下，政府只会将职能转移给那些他们认为能够"承担得住"的科技社团，政府对于科技社团的职能"让渡"处于优势地位，科技社团无法与政府讨价还价，大部分科技社团在生存资源获取中，无法获得政府的委托项目和服务购买；从企业层面来看，由于企业将经济利益作为其组织行为的首要目标，在科技社团处于发展时期时，企业对于科技社团的产品服务具有很强的外部选择性，能否通过科技社团的产品和服务来获得经济效益是企业选择科技社团服务的重要参考性原则；此外，在社会公民层面，由于科技社团与社会公民之间的互动基本是"公益性"的，没有收取任何服务费，科技社团在"志愿失灵"的情况下，公益性服务意愿性不强，面向社会公民的社会服务缺失的同时也导致了社会公民对于科技社团的社会选择下降。因此，科技社团也无法从社会公民处获得组织生存发展所需要的资源。

科技社团在"政府不管、企业不买、公民不要"的市场化环境下，为了获取自身生存发展所需要的资源，提升组织的生存资源获取效率，将采取利益交换的资源依赖行为来获取外部组织的资源扶持，而不是通过对外部组织的服务行为获得生存资源。

第三节　行为依赖媒介

科技社团在成长过程中，不仅需要外部环境的支持，同时也受到内部能力的制约。大量研究发现，外部环境、内部结构以及组织能力是社会组织资源依赖行为的核心要素和媒介。外部环境主要包含政府支持、社会认可以及规范化管理（毕素华，2017；王诗宗和宋程成，2013）；内部结构是否完善取决于社会组织内部治理结构（如运行规制、奖惩制度等）的科学性，以及组织运营经费和人力资本的丰富性（Trzcinski and Sobeck，2012）。特别是在组织的人力资本方面，现有研究认为，社会组织的高效运营离不开优质的人力资源，组织管理层和专业技术人员的水平将直接影响社会组织成长（许鹿等，2016）；在社会组织成长所需的组织能力方面，资源整合能力与项目开发能力是影响其成长的核心要素。社会组织在成长过程中需要通过内外部资源整合来获得服务项目，并在项目运行中提升自身的专业化水平，从而维持组织的可持续发展（李嫣然，2018；马立和曹锦清，2014）。因此，综合来看，科技社团资源依赖媒介主要分为以下几个方面。

一、政策资源

政策资源是科技社团资源依赖行为发生的首要媒介，政策资源在科技社团的生存发展中发挥着非常重要的作用。从政策资源的本质上看，政策是国家权力机关在一定时期内为了实现所代表阶层的利益而颁布的一系列标准化规定。对于中国科技型社会组织的发展来说，政策资源是保障其制度性成长的核心要素，且基于中国特殊国情，政策资源主要依赖于政府相关部门的支持和倾斜。在我国，对于科技社团的准入标准与其他社会组织一样都较为严格，并受到政策的导向性影响。1998年，国务院颁布了《社会团体登记管理条例》和《民办非企业单位登记管理暂行条例》两个具有针对性的社会组织管理条例，要求在社会组织登记成立之前，需要寻找到业务主管单位（即组织挂靠单位），并由业务主管单位对其登记成立进行前置审批后，再向登记管理机构（民政部门）申请准入。直到2013年中国共产党第十八届中央委员会第三次全体会议召开，才明确提出行业协会商会类、科技类、公益慈善类和城乡社区服务类四类社会组织，可以依法直接向民政部门申请登记，不再经由业务主管单位审查和管理。可以说，科技社团从成立之初就受到政策资源拥有者的外部控制，并通过政策资源的获取对外部组织进行依赖。

美国著名学者朱莉·费希尔（Julie Fisher）在其著作《NGO与第三世界的政治发展》中提出，大部分第三世界国家在对待社会组织的政策方式上都存在防范、无视、收编、利用以及合作等五种政策选择，同时这五种政策选择在一些地区对待社会组织的政策运用中呈现出由低到高的演变趋势（费希尔，2002）。朱莉·费希尔的五种政策选择观点在一定程度上也反映了科技社团在资源依赖和生存空间需求上与上层建筑之间的冲突、合作过程。

科技社团的政策资源主要分为支持型政策资源、保障型政策资源和规范型政策资源三种。支持型政策资源主要集中在上层建筑对科技社团的准入以及运行资金、人力等基础性资源的政策层面支持，给予购买社会服务以及转移职能等支持科技社团发展的政策。同时，支持型政策资源也是大多数科技社团的基础性资源依赖媒介；保障型政策资源主要表现为科技社团在运行活动中所需要的成长空间等间接性政策资源。科技社团要想激发其自身的活力，则必须扩展自身的生存、活动空间，并由上层建筑给予其政策上的保障，科技社团对于保障型政策的依赖是其发展的必要条件；规范型政策资源是科技社团在市场化环境中健康发展必要的依赖性资源，管理部门在科技社团活动中必须对其运行进行行为约束，以保证科技社团的发展方向符合经济社会要求。同时，科技社团如果脱离了规范型政策依赖则会导致其组织活动空间的缩小甚至消亡。如图 3 - 35 所示。

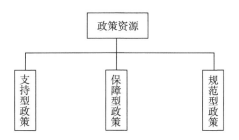

图 3 - 35　科技社团政策资源

二、资金资源

资金资源是一个组织正常运行的基本保障，是组织财政资本的集合。一般来说，资金在一个组织的内部运行遵循着以下的流程：首先是资金的投入，随后是资金的循环与周转，最后则是资金的退出。在这一过程中，资金是维持科技社团组织运行的重要基础性资源，保障其组织运行和社会活动的正常开展。当前，由于科技社团自身职能定位以及资源获取渠道等因素的影响，导致科技社团面向社会获得的服务性资金来源不足，组织运行经费主要依赖会费的收取，政府相关部门对于科技社团资金的直接性资源供给相对来说较为有限。

在《2015 中央财政支持社会组织参与社会服务项目实施方案》（以下简称《方案》）中，中央财政用于支持社会组织参与社会服务的补助资金达到了 2 亿元，用于培育和扶持相关社会组织的发展。但从《方案》来看，只有参与社会救助、社会福利、社区服务以及专业社工服务等社会性服务领域的社会组织才能得到中央财政扶持，而大多数科技社团作为学术交流型社会组织，本身的会员准入门槛较高，社会服务性活动匮乏，资金来源渠道单一。因此，组织经费的需求导致了科技社团对于资金的依赖性较强。可以说，资金类生存资源要素是制约科技社团发展的核心要素。科技社团资金依赖主要分为组织运行经费和活动开展经费两大类。

如图 3 – 36 所示。

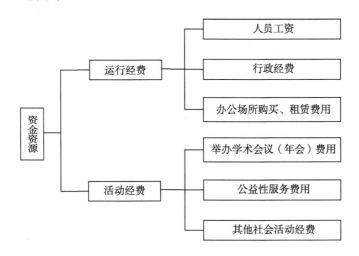

图 3 – 36　科技社团资金资源

对于科技社团来说，经济基础决定上层建筑，只有不断地对资源进行交换和获取才能使自身的生存发展空间扩大。在我国，科技社团作为发展型社会组织，目前还处于成长阶段，其自身所拥有的可换取资源较少，对于外部资源的需求性较大。但同时，根据资源依赖理论，任何一个社会组织在成长过程中都必须不断地通过自身服务来与外界换取组织运行所需要的资金。资金仍然是组织生存所依赖的基础性资源，资金作为科技社团的资源载体，其对于社会组织依赖行为发生的作用力影响较大。在科技社团方面，由于其组织内部的"自我化"程度较高，当没有产品和服务与外部环境进行资源互换时，其生存发展所依赖的资金要么来源于组织内部成员所缴纳的会费，要么来源于中央财政对组织的扶持资金，但无论是哪一种经费来源，科技社团对于资金的资源依赖性都不会改变，且都将影响组织自身的生存发展。

三、人力资源

科技社团对于人力资源的依赖又可分为工作人员依赖、精英群体依赖和会员依赖三大类。工作人员指维持科技社团组织运转的事务性服务人才；精英群体依赖指科技社团组织运行中可以为科技社团生存发展带来外部资源（如权力、资金、社会影响力等）的人才，精英群体在社会组织中可以以工作人员和会员的形式存在；而会员则主要指除专职工作人员和精英群体之外的普通会员。如图 3 – 37 所示。

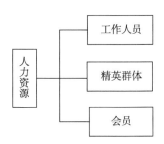

图 3 – 37　科技社团人力资源

（一）工作人员

从宏观上来说，人力资源是影响一个组织可持续发展的重要因素，任何组织之间的竞争，其核心基础都是人才间的竞争。美国经济学家舒尔茨在研究中发现，人的知识以及能力的提高可以促进美国农业产量的快速增长，而传统的土地和劳力等存量增加对于美国农业产量的增长作用大大减小。他认为，人力资源的增长对于经济增长的推动作用远远高于物质资本的增加。

在科技社团的运行发展过程中，专职工作人员的多少在很大程度上影响着科技社团组织活动的开展，专职工作人员承担了大量的组织事务性工作。从科技社团当前发展形势来看，绝大部分科技社团的存在方式都是以学会、研究会以及协会的形式存在，学术交流是其组织集结的最初宗旨。因此，科技社团在组织运行过程中专业性要求较高，需要大量具有学科背景的专业性人才来对组织进行管理和协调。

现代科技社团组织的生存发展离不开对专职工作人员的获取和管理。专职工作人员作为科技社团生存发展的重要资源之一，在很大程度上影响着科技社团的生存水平，科技社团要发展必须对现有的工作人员进行依赖，或是通过引进、培育等手段对人才资源进行管理开发。同时，从科技社团的国内外发展来看，科技社团的发展将逐步从依赖自然资源转向依赖人力资源，科技社团的组织依赖内容重心将从自然资源依赖转向人力资源依赖。

（二）精英群体

科技社团对于精英群体也存在着很强的资源依赖性，科技社团在对精英群体的资源依赖中不仅可以获取资金、人才等有形资源，还可以获取公信力、政策以及权力等无形资源。

"精英群体"这一概念最早源于社会学，是研究社会中具有突出能力人员的专业术语（郑辉和李路路，2009）。在任何社会，精英群体都是这一社会中的小部分人群，但是其所拥有的社会能量较大，往往对于国家政策发布甚至是一个社会的秩序格局产生着重要的影响。有学者认为，在现代社会，精英群体可以分为政治精英、知识精英和经济精英（吴忠民，2008）。政治精英的主要代表为政府部门行政级别以及行政权力较高的人员，同时也包含着事业单位的顶层管理人员；知识精英则主要以院士、教授、研究员以及工程师等人群组成；经济精英主要指国有企业以及大型民营企业的管理层。本书所讨论的精英人群，不涉及阶级意义上的划分，总体来说，精英群体是指在现代主流社会具有较高声望的人群，同时这一群体掌握着社会的财富和权力。

科技社团对于精英群体的依赖最早源于政府部门官员及学者在组织内的兼职，并获取相应的报酬。这一群体被形象地称之为"红顶会长"，部分政府官员手中掌握着一些公共权力并利用这些权力和自身的影响力在科技社团中兼职，在获取相应报酬的同时为科技社团带来一定的资源。对于处于萌芽发展时期的科技社团来说，或许这一模式最能有效地提升其社会竞争力，科技社团可以利用政治精英的社会地位和权力来开展一些社会性事务，并获取自身发展所需的自然资源。此外，还有很大一部分教授、研究员在科技社团兼职，这一部分精英群体同时也能够利用自身的人脉资源和社会声誉影响着科技社团的生存和发展。

同时，社会网络理论也认为，科技社团在发展的同时，其精英会员作为社会网络中的一员，当精英会员作为个人加入这个网络时，他所带来的不是会员个人本身，而是将会员的网络关系带入了其所参与的科技社团这一社会网络中（康伟等，2014）。组织会员的社会权威性在为科技社团获取其他自然性资源的作用尤为重要。部分"精英群体"会员能够发挥其社会优势，为科技社团寻求到外部资金的资助或扶持。当前从科技社团的精英会员依赖类型来看，其组织中的核心管理层（如理事长、秘书长等管理层）基本上来自具有社会权威的退休官员、学者或是具有社会声誉和地位的"精英人群"，科技社团的精英会员依赖具有很强的外部依赖性。

随着我国全面深化改革的不断推进，2015 年 7 月，中共中央办公厅、国务院办公厅印发了《行业协会商会与行政机关脱钩总体方案》，规定全国所有省、市、自治区在职领导干部不得在行业协会中兼职，且领导干部退休三年内不得到行业协会中任职。全国范围内已经开始清理整顿社会组织中的"红顶会长"，但从科技社团的发展来看，除去一些全国性的科技社团，地方性的绝大部分科技社团发展规模还相对较小，都还处于"生存期"，还未走上独立发展的道路，其生存资源还有赖于组织外部的供给，对于失去了精英群体的这一部分科技社团来说，如何在精英群体依赖和自身独立发展中寻找到组织发展的所需资源，是科技社团发展所要进行的选择，科技社团在组织发展初期是否会将传统的"显性精英群体依赖"转变为"隐性精英群体依赖"，将是未来政府监管的难点问题。

（三）会员

为了研究的科学性，我们在此将会员定义为不拥有影响组织生存资源的普通会员。科技社团在进行资源依赖行为的同时也会对组织内部的会员产生依赖。任何一个组织的发展和运行都离不开人员和人才的聚集。科技社团和传统的社会组织不同，几乎所有的科技社团都实行会员制，其会员还包含了个人会员和团体会员单位。个人会员主要是与本社团相关的行业从业人员，例如医生、工程师等，而团体会员则是一些企业作为团体会员参与到科技社团的运行发展中。

科技社团对于会员的资源依赖主要表现为会费收取以及活动开展所需要的人力资源。总体上来看，科技社团的运行费用主要来自以下几个方面：第一，政府部门直接性资金扶持；第二，企业物资赠予；第三，为政府部门或者企业提供服务所获得的运行经费；第四，会员会费。当前，大部分科技社团在发展过程中并没有面向市场、社会所提供的社会公共服务产品，也没有承接任何政府职能，因此，其组织运行经费主要来自会员会费的缴纳。同时，科技社团在一些社会活动中，也需要会员的共同参与和协调，例如在进行科普活动时，需要专家学者们与社会公众进行面对面交流，在决策咨询和项目评价等公共服务中，也需要科技社团的专家会员给予决策支持和技术服务。

对于科技社团自身来说，依赖于会员资源可以有效地提升科技社团的运行效率，并直接或间接取得生存发展所需要的各类资源。同时，一个科技社团是否运行有效、服务是否多样化，主要取决于组织会员的资金和工作投入，除去会员应缴纳的会费以外，科技社团的发展还依赖于会员对组织的工作付出比，如果科技社团会员本身对参与组织事务的积极性不高，科技社团将失去相应的组织活力和组织凝聚力。从资源依赖的视角来看，科技社团对于会员的资源依赖与其他对象的资源依赖行为一样，都是利用自身资源与会员之间进行资源互换，从而推动科技社团的组织发展。

四、合法性资源

科技社团对于外部环境所提供的合法性资源依赖，其目的是对自身合法性身份的诉求。合法性是衡量一个组织是否合法的有效载体，在法治社会，科技社团想要正常地开展组织活动，就必须得到国家的合法性认可。

组织合法性本身是指国家在法律上对于一个组织的认可（刘玉焕 等，2014），这种认可不仅仅是对组织自身身份的认同，同时也是对科技社团所开展的活动和业务的认可。在我国科技社团的生存发展过程中，合法性依赖是组织生存发展的核心基础，是其取得组织身份的唯一路径，没有合法性身份的获取则无法在社会中运行。如图 3 - 38 所示。

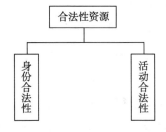

图 3 - 38 科技社团合法性资源

五、公信力资源

公信力是科技社团在进行科技类公共服务时被社会公民认同和信任的能力，公信力资源来源于社会公民对科技社团的认同感、信任度和满意度。如图 3 - 39 所示。

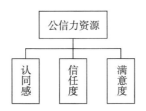

图 3 - 39　科技社团公信力资源

公信力是一个组织在社会活动中所需要的重要资源，公信力的存在方式往往是无形的。社会公信力的高低对于科技社团的生存发展具有重要的作用，科技社团对于公信力进行资源依赖，不仅仅是自身发展的需要，同时也是组织生存的需求。一个组织的社会公信力越高，其组织所拥有的社会声誉就越好，给科技社团所带来的溢出效应也越高。公信力越高，同时也会得到政府相应的政策性倾斜，这一政策性倾斜不仅仅是制度和法律法规层面的，同时也会给科技社团带来人、财、物等各方面物质资源的扶持。相反，如果科技社团的社会公信力较低，那么将会陷入发展的恶性循环中，公信力低将会对组织自身的发展带来障碍，影响其社会资源的获取。

在我国现有的科技社团中，社会服务型科技社团对社会公信力资源依赖程度较高，而学术交流型科技社团对于社会公信力的依赖程度相对较低。同时，从组织生命周期上来看，处于创业期和发展期的科技社团对于公信力的资源依赖程度较强，这一部分科技社团通过自身的行动策略来提高组织的社会公信力。例如，发挥名人效应，将一些社会精英群体吸纳到组织中来，通过社会公众人物的宣传来提升自身的社会公信力。还有一部分科技社团努力向政府部门靠拢，在组织活动中联合政府部门或者通过承接政府部门的一些科技性事务来开展科技社团活动，从而提升科技社团自身的社会公信力。

公信力资源是我国科技社团发展中的重要资源依赖媒介。在我国科技社团的发展过程中，社会对于科技社团存在着一种认识"误区"，这一误区很大一部分是由于科技社团的社会公信力引起的。例如，科技社团中"红顶社团"的出现，在组织发展初期受到社会公众的认可，但其利用官方背景进行组织运作，开展组织活动，导致其组织独立性较差，自身透明度不足，在进一步发展过程中将会受到公信力资源的制约。同时，科技社团在发展过程中，组织体制不够完善，监管机制缺失，也进一步导致了科技社团组织活动的社会公信力不足，这似乎已经成为社会公众对于科技社团的惯性认识。因此，科技社团在与社会其他组织进行资源获取的竞争过程中，需要向社会公众获取公信力资源来证明自身的价值和有效性。

第四节　行为指向

一、政府

政府是科技社团资源依赖行为发生的主要客体和对象。在我国，科技社团和其他社会组织不同，大致可以分为科技工作者自发成立、政府部门倡导成立以及从政府部门改制而来三大类。但从科技社团的萌芽背景来看，科技社团虽然是科学家自发组织而成的民间社会团体（社会组织），但是其产生的过程离不开政府的引导和扶持。我国现有科技社团的产生也可以认为是政府的选择行为，且这种行为选择是自上而下的。因此，科技社团在创业初期所获得的生存资源大部分来源于政府部门的有限扶持。同时，在科技社团的活动开展方面，也不得不依赖于政府部门的引导或政策倾斜。

随着经济社会的不断发展，科技社团对于政府的资源依赖行为也在不断地发生着改变，这同时也将作用于科技社团组织自身的生存发展。绝大部分科技社团都在逐渐地向市场转型，并参与到社会公共服务供给中。在这一背景下，政府将本属于政府职能的科技类事务性工作向科技社团转移，并引导科技社团来承接政府职能，提供科技类社会公共服务。同时，在科技社团承接政府职能转移的过程中，政府具有较高的主导权，只会将一些社会事务性工作交给具有官方背景的科技社团来做，在职能转移上外部选择性很强。因此，科技社团在当前时期，即便是具有独立开展活动的意愿，也会对政府产生资源依赖行为。

同时，政府在一定意义上决定了科技社团的行动空间以及其行为合法性。在我国，政府部门对科技社团的生存发展具有直接的影响，对于科技社团的运行空间同时也具有一定程度的控制性。一般来说，政府部门比较关注那些组织活动开展较为丰富的科技社团，仅仅是进行学术交流的小规模科技社团，政府部门对其干预程度相对较小。但从科技社团出发，无论其规模大小，都需要政府部门掌握的各种资源，并对其进行资源依赖，政府部门掌握着科技社团生存需要的合法性认定，这一类资源具有很强的外部控制性和不可替代性，且在其他地方无法获取。

此外，当前大部分科技社团在自然资源的获取上也严重依赖政府，还存在着计划经济时代下"等、靠、要"的思想，对于政府部门已经产生了路径依赖，在人员、资金以及办公场所等方面都依赖相关政府部门的扶持，自身并没有面向市场提供的产品和服务，这一资源依赖行为模式往往会使科技社团陷入"资源依赖怪圈"。当外部环境产生变化，科技社团对于政府的直接性依赖将会受到冲击，科技社团要么难以维持自身的独立性，要么在市场经济环境下被社会淘汰。

二、企业

企业同时也是科技社团资源依赖行为的重要对象之一。科技社团与其他社会组织不同，在科技社团所开展的组织活动中，与企业联系相对较为紧密，这也是与科技社团自身的科技类属性相关的。科技社团可以向企业提供科技咨询、科技成果转化服务等一系列科技类公共产品服务。但同时，在科技社团处于生存发展期时，企业作为科技服务产品采纳方，对于科技社团所提供的产品具有选择权或者说外部控制，企业对于科技社团的产品选择影响着科技社团的生存发展。在我国，科技社团对于企业的公共服务不完全是非营利性质的，其中很大一部分属于科技社团的经营性收入，其服务最终目的仍然是为了在市场经济下维持科技社团组织的正常运行和推进科技社团的未来发展。在当前环境下，由于社会捐赠机制尚未形成，企业对于科技社团的直接性资金扶持相对较少，基本没有直接对科技社团进行资金捐赠，仅有的一些资金捐赠都带有很强的目的性或者组织控制性。因此，科技社团如果在未来的发展过程中，要降低对政府部门的资源依赖，则必然会加强自身产品服务的供给，与企业之间进行资源互换，同时获取自身生存发展所必需的资源。

在科技社团对企业的资源依赖行为中，处于转型期或发展期的科技社团在失去了政府的资源扶持后，将对企业的资源产生依赖，它们希望自身的产品和服务能够得到企业的采纳，从而从企业中获取自身发展所需要的物质资源。在这一模式下，科技社团与企业之间存在着资源依赖关系，企业对于科技社团所提供的产品具有很强的选择性。在国外，一些发展较为完善的科技社团，对于企业也会有资源依赖行为的产生，国外科技社团与企业之间的资源依赖关系处于一种"共生性依赖"模式之下（程维红等，2008），企业可以依靠科技社团获得如资格认证、决策咨询以及科技奖励等一系列科技类产品服务，科技社团则从企业收获到发展所需的资金等物质资源。在外部环境没有产生变化的情况下，科技社团与企业之间的外部控制性相差不大。

在我国，科技社团也在逐渐学习国外科技社团的发展模式和发展经验，但中国科技社团受外部政策和权力来源影响较大，从自身能力上看还相对弱小，更多的是在权威性背景下与企业之间进行资源互动，与企业的资源依赖行为互动受到组织权威性或者权力的影响，如果权力授权部门取消这一部分科技社团的公共职能转移，那么科技社团与企业间的资源互换将会受到影响或者停止。

随着创新型国家建设的步伐不断推进，国家明确提出科技创新是提高创新能力的战略支撑。同时，对于科技类社会组织放宽了准入标准，允许科技社团直接登记成立，不再需要寻找挂靠单位，降低了科技社团的准入门槛。在这样一个宏观背景下，科技社团要发展，就必须进行组织转型，加强自身能力建设，首先要能够在市场化环境下生存下去，针对市场和企业提供其所需要的产品及服务。

三、高校及科研院所

科技社团在资源依赖行为指向中，与其他社会组织不同，高校及科研院所也是科技社团进行资源依赖行为的主要对象。这一现象的发生与科技社团自身的组织特征和历史背景有很大的关系。科技社团从其发生和成立上来看，是科学家群体的有机结合，而科技型社团则是由具有理、工、农、医类学科背景的专家、学者构成的，专家和学者主要集中在高校及科研院所。在我国科技社团的会员构成中，高校教师和科研院所人员占据了很大一部分比例。同时，还有很大一部分科技社团的领导层（如理事长、秘书长）是高校及科研院所的专家学者。

在高校及科研院所作为科技社团资源依赖行为发生的主要对象时，可以为科技社团提供其所需要的会员资源以及一定的运行经费，甚至部分科技社团直接将办公场所设立在高校内，高校及科研院所在人才、资金和办公场所的提供方面充当了科技社团资源依赖行为的资源供给客体。

四、公民

公民是科技社团资源依赖行为发生的主要对象，科技社团通过对公民的科学普及、科技维权等社会服务来获取公民的公信力资本，提升公民对科技社团的了解度、认可度与满意度。随着社会的不断发展，公民对科技类公共服务的需求性意愿增强，但同时，公民对于科技类公共服务的承接主体——科技社团的了解不够，对于科技社团所开展的社会公共服务接受度不高，认为科技社团是政府的代言人，代表着政府对民众进行引导，绝大部分公民将科技社团看作是"二政府"，这也与传统科技社团的历史背景和组织行为有关。此外，还有一部分科技社团，其本身仅仅是为了将同行业的专家、学者组织到一起，构建一个学术交流和人脉资源互换的资源平台，完全没有面向市场和社会的公共服务，导致公民不知道还有此类组织的存在。当前，科技社团仍然处于萌芽期和发展期，专业化门槛较高，组织发展不够完善，面向社会的信息公开不足，造成了科技社团与公民间

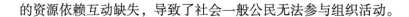

的资源依赖互动缺失，导致了社会一般公民无法参与组织活动。

五、媒体

在自媒体时代，科技社团的生存发展将越来越依赖于网络以及媒体的宣传。媒体是科技社团组织运行的监督主体，也是科技社团资源依赖行为中公信力资源获取的主要对象。过去，大部分科技社团是由政府部门改制或者直接由政府部门组建而成的，它们在行政关系上隶属于政府，其生存资源主要依赖政府部门扶持，导致其组织活动和组织行为往往也带着一些行政色彩，公民对其的了解存在一定的误差。现代科技社团在成长过程中，需要通过各种媒体对社会公民进行正面宣传，同时，科技社团自身也需要有效地利用网络等新媒体手段来塑造自身形象和提供公共服务。

科技社团对于媒体的依赖影响着组织自身的社会资本提升。公信力是科技社团赖以生存的重要社会资本。在新媒体时代背景下，媒体对于政府部门、企业以及社会组织的监督意识增加。同时，从科技社团自身来看，组织透明度及组织能力对于政府以及社会公众的公共服务产品选择也具有很大的影响，科技社团过去所发生的一些社会反面案例影响了科技社团的社会公信力。在现代社会，科技社团要想发展壮大，需要依赖媒体向社会公民进行引导和宣传，提升科技社团的社会公信力。随着"互联网＋"时代的到来，科技社团的成长不仅需要借助传统媒体的宣传，同时也需要利用互联网等新型网络媒体来对自身的产品和服务进行推广，例如利用网络进行科学普及，或者通过互联网对企业和政府进行决策咨询，科技社团对于媒体（网络）的依赖程度将影响着科技社团自身的生存发展。

基于此，为了给后续研究提供扎实的研究分析框架，本章从科技社团资源依赖行为主体（Protagonist）、行为表现形式（Behave）、行为依赖媒介（Medium）以及行为指向（Orientation）出发，构建了科技社团资源依赖行为结构的"P－B－M－O"分析模型，如图3－40所示。

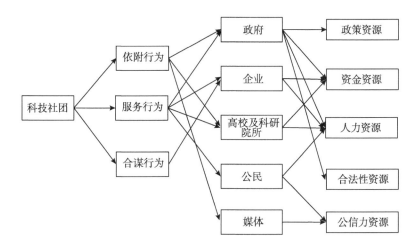

图 3 – 40　科技社团资源依赖行为 "P – B – M – O" 分析模型

综上所述，本章主要对科技社团资源依赖行为结构进行了分析，构建了科技社团资源依赖行为的 "P – B – M – O" 分析模型，试图为科技社团的管理者和工作者提供重要的参考，明确科技社团资源依赖行为的研究框架，明晰科技社团资源依赖行为的现行体制。首先对科技社团依赖行为主体进行了划分，在本书中将资源依赖行为主体界定为在民政部门登记并接受科学技术协会业务指导的学会、协会、研究会；随后，对资源依赖行为表现形式进行了归纳和分析，认为在科技社团的直接性资源索取、间接性资源互换以及合作性资源共获的资源依赖行为模式下，科技社团的资源依赖行为主要表现为依附行为、服务行为以及合谋行为；在本章的第三节，对科技社团资源依赖行为的媒介进行了归纳和划分，认为科技社团的资源依赖媒介主要可以分为政策资源、资金资源、人才资源、合法性资源以及公信力资源，并对每一类资源依赖行为媒介进行了深入的分析和阐述，这一归纳标准更加符合现代科技治理模式下科技社团资源依赖的内容实际；最后，在科技社团资源依赖行为媒介的分析基础上对科技社团资源依赖行为的行为指向进行了分析，认为科技社团在资源依赖行为发生过程中，主要资源依赖行为将指向政府、企业、高校及科研院所、公民以及媒体，科技社团的资源行为在这样一种体系下不断运行，科技社团通过资源依赖行为与外部资源拥有主体间进行着资源互换和利益获取。

第四章　科技社团资源依赖行为动因

从组织行为学的视角出发，在社会环境中，任何一个组织或个人行为的发生都受到其行为动因的影响。因此，对科技社团资源依赖行为的研究，必须对其行为产生的动因进行分析，研究其行为为什么产生。从现有研究来看，专家学者对于社会组织参与社会服务进行了深入的探析和研究，如社会组织的慈善行为动机，与政府、企业等部门的合作动机等，但对于科技社团的行为动机研究还较为薄弱，从科技社团自身出发研究其资源依赖行为动机还处于空白状态。因此，在本章中，将从不同的研究视角对科技社团资源依赖行为的动因进行分类，并结合组织生命周期理论，研究在不同的发展阶段科技社团资源依赖行为的动因是什么。

第一节　主要动因分类

一、从动因本源分类

（一）外部动因

外部动因是指科技社团的资源依赖行为受到外部环境变化或影响而产生的原因。从组织的外部环境来看，科技社团所作出的资源依赖行为决策来自外部环境中各类因素的推动。从科技社团资源依赖行为的外部动因来分析，可以将科技社团的资源依赖行为的动因分为以下几个方面，如图4-1所示。

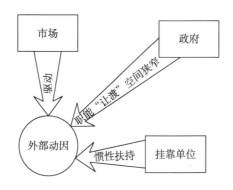

图 4 - 1　科技社团资源依赖行为外部动因

1. 市场驱动

在市场经济环境下，政府及相关部门对于科技社团的资源扶持比例进一步下降，科技社团的生存越来越依赖于市场和社会的选择。在国家推进公共服务供给侧改革的大背景下，社会也需要科技社团提供相应的科技类公共服务，以弥补政府科技类公共服务的不足。因此，从科技社团的生存发展来看，需要面向市场和社会提供与其需求相适应的产品和服务来获取生存资源，市场环境的驱动导致了科技社团资源依赖行为的发生。

2. 挂靠单位惯性扶持

在传统模式下，挂靠单位对于科技社团的直接性资金和政策的惯性扶持在一定程度上造成了科技社团资源依赖行为的发生。大部分科技社团在其运行经费上除会费收入，主要依靠的是挂靠单位对其每年的组织经费以及其他资源的直接性扶持，在一定程度上导致了科技社团的资源路径依赖。

3. 政府职能"让渡"空间狭窄

从科技社团的外部活动空间来看，政府在科技类事务性职能转移过程中对科技社团"让渡"的职能还较为有限，造成了科技社团的生存空间狭窄。同时，由于缺乏完善的市场竞争环境和机制，科技社团要承接政府职能，不得不依赖政府选择。因此，科技社团在生存发展中，为了维持其组织存在，需要进行资源依赖行为以获取组织生存资源。

（二）内部动因

从科技社团资源依赖行为发生的内部动因来看，造成其行为发生的首要原因是组织的生存发展需要。根据马斯洛（Maslow）的"需求层次理论"，他认为行为动力的一切来源都来自需求，且需求会随着人的不断成长和进化而产生变化，需求从下到上分别分为生理、安全、社会需要、尊重以及自我实现五个层次。科技社团作为社会网络中的个体，从萌芽到成熟，其资源依赖行为随着组织发展的变迁而变化，资源依赖行为的发生将一直伴随着科技社团的成长，只是从资源依赖的类型上来看，资源依赖行为的内部动因将随着科技社团能力的增强而减弱，外部动因将随着科技社团能力的增强而增强，但无论是何种资源依赖行为动因，其发生都与科技社团的成长紧密相关，科技社团资源依赖行为的内部动因主要表现为以下几个方面，如图4-2所示。

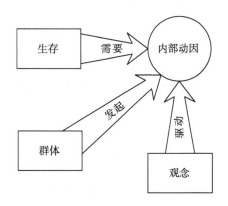

图4-2　科技社团资源依赖行为内部动因

1. 生存需要

根据资源依赖理论，组织生存需要同时也是一个组织进行资源依赖行为的最终目的。科技社团在生存发展过程中，需要通过资源依赖行为与外部环境（组织）间进行资源交换，获取自身生存所需要的资源，这一动因同时也是科技社团资源依赖行为发生的基础性动机。

2. 观念驱动

在科技社团资源依赖行为发生上，无论是物质性资源依赖还是精神性资源依赖，都会受到组织整体观念的影响。在传统模式下，科技社团对于外部环境的资源依赖已经形成了组织思维惯性，并逐渐发展为路径依赖。从当前科技社团的发展状况来看，绝大部分处于生存边缘的科技社团资源依赖行为都是由于其观念驱动而产生的，在资源依赖行为模式上主要是被动依赖外部组织，并没有进行主动的资源互换行为。

3. 群体发起

科技社团作为科技类的社会组织，其组织的组成来自科技领域的会员群体和领导阶层。科技社团中任何一个行为的发生都是由组织内部管理层和群体会员之间根据组织自身状况和外部形势分析而发起的。因此，从一定意义上看，科技社团的资源依赖行为发生的内部动机也来自其组织群体的共同决策。

二、从动因目的分类

（一）自利性驱动

在现代社会，任何一个组织行为的发生都带有一定的目的性。在市场经济环境下，科技社团作为社会网络中的组织成员，其本身也是一个理性的"经济人"。因此，科技社团产生的资源依赖行为也带有一定的自利性。可以说，科技社团资源依赖行为发生的动因源于组织自身的自利性。

科技社团的资源依赖行为可以为科技社团自身带来收益，这种收益不仅仅是物质性的收益，同时也将为科技社团带来诸如社会公信力、社会声誉等非物质性收益。但无论是何种收益，对于在生存发展时期的科技社团来说，资源依赖行为都将在一定程度上提升科技社团的综合能力，并推动科技社团的发展。

科技社团在对政府、高校以及科研院所的资源依赖行为发生上，不仅可以获得组织的合法性认可，同时也可以获得组织发展所需要的资金、政策以及人员等基础性资源扶持，这对于处于发展初期（萌芽期）的科技社团来说，获得的资源具有不可替代性。因此，处于萌芽期的科技社团往往会在独立性和组织生存上进行妥协；而科技社团对于企业的资源依赖行为发生动因也同样来自自身的生存需要，科技社团需要从企业中获取组织生存发展所需要的资金等资源扶持。因此，科技社团对于企业的资源依赖行为也是由于自身的自利性驱动而产生的；在对于社会公民的资源依赖行为上，由于我国科技社团自身的社会公信力不足，同时科技社团大部分都属于单纯的学术交流型团体，活动范围较为封闭，没有面向社会公民的公共服务，社会公民对其不够了解，科技社团对于社会的资源依赖，不仅有助于提升自身的公信力和知名度，同时也推动了组织自身的发展。因此，科技社团的资源依赖行为受到其自利性的驱动。

（二）互益性驱动

在科技社团资源依赖行为发生的动因上，互益性驱动也是导致其资源依赖行为发生的重要原因。根据资源依赖理论，任何一个组织在社会网络中都会与外部环境间进行资源互换，从而获取自身所需要的资源。随着经济社会的不断发展，科技社团在建设创新型国家的过程中功能性作用凸显，政府在科技领域治理中需要将一些"不能做、做不好"的事务性工作转移给专业性的科技社团来承担。同时，科技社团为了在市场化环境中生存下去，承接政府职能、向社会及企业提供科技类公共服务也是其自身生存发展的有效途径。● 科技社团的资源依赖行为在承接政府职能转移，接受政府科技类公共服务购买过程中自然形成，且在一定意义上推动着科技社团组织的成长。如果不将资源依赖行为所导致的科技社团"独立性"问题考虑在其中，那么科技社团的资源依赖行为在一定时期内对于政府和科技社团双方具有互益性。

在企业方面，同时也是由于这种互益性的存在导致了科技社团资源依赖行为的发生。一部分企业在发展过程中需要通过科技社团进行技术咨询和科技资源共享。过去我国传统的科技创新主体主要是以高校和科研院所为核心，在新的创新体系下，企业将逐渐成为推动科技创新的主体力量，而企业所缺乏的技术与资源可以通过与科技社团之间的合作来获取。对于企业来说可以从科技社团获得科技成果、科研人才等科技创新资源，对于

● 王诗宗，宋程成，许鹿. 中国社会组织多重特征的机制性分析［J］. 中国社会科学，2014（12）：42−59，206.

科技社团来说可以从企业获得组织运行经费的捐赠和扶持，资源依赖行为的发生共同推动了企业和科技社团的发展。因此，在这一模式下，科技社团资源依赖行为的发生往往带有互益性。

在科技社会治理方面，科技社团与社会公民的互益性驱动也推动着科技社团资源依赖行为的发生，科技社团通过提供科学普及、人才评价、医疗事故鉴定等社会公共产品来为社会公民进行科技类公共服务，弥补政府和企业在这一领域的不足，完善社会科技公共服务的格局，社会公民通过服务来认识科技社团，对其组织进行社会认同，这有效促进了科技社团社会公信力和服务能力的提升。因此，互益性驱动也是导致科技社团资源依赖行为发生的重要原因。综上所述，科技社团资源依赖行为动因驱动如图 4 - 3 所示。

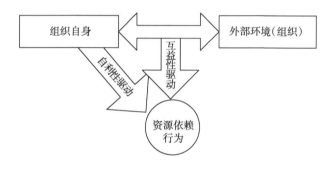

图 4 - 3　科技社团资源依赖行为动因驱动

三、从动因内容分类

（一）经济动因

从科技社团资源依赖行为动因的内容来看，经济动因是导致其资源依赖行为发生的首要原因。经济动因从宏观上看就是指科技社团所进行的一系列资源依赖行为是为了从自然资源上改善其组织生存状态，提升科技社团的生存发展水平。从科技社团自身来说，进行资源依赖行为是为了获取自身发展所需要的生存性资源，并运用这些资源改善自身的生存困境，推动组织的可持续发展。科技社团希望通过资源依赖行为获取资源拥有者对组织的政策、资金以及人力资源等方面的支持。同时，科技社团在社会网络中的"理性经济人"角色，也导致了其自身追逐生存发展所需要的经济利益行为的发生。

任何一个组织在市场经济环境下，要想获得生存条件，并维持其基本生存状态都必须拥有运行经费等经济资源的支持。科技社团在治理转型过程中，不再是过去传统的政府部门的下属单位，而是作为一个独立的组织在社会中存在，传统计划经济时代下的直接性资源扶持比例逐渐下降，科技社团要在市场竞争中生存下去，必须通过资源依赖行为来汲取生存所需要的各类条件和资本。在当前社会背景下，科技社团由于自身发展还不成熟，大部分地方性科技社团还处于生存阶段，运行经费、物资等运行资本稀缺，由此带来的资源依赖行为往往是经济因素的影响。

（二）政治动因

科技社团资源依赖行为发生的政治动因主要表现为合法性地位的获取以及对其活动开展的支持性政策获得。科技社团在生存发展过程中，首要目的是取得一个被国家和社会承认的合法性地位。在我国，科技社团和其他社会组织一样，都需要通过在民政部门登记而取得自身的合法性资源，且合法性资源的获取只能依赖于政府。根据资源依赖理论对资源的定义，合法性资源的拥有者具有唯一性特征，对于科技社团的生存发展来说属于不可替代性资源，政府对科技社团具有很强的外部控制性。因此，科技社团的资源依赖行为产生不完全是经济因素的推动，其行为往往带有很强烈的政治动因。

科技社团期望通过对政府的资源依赖来获取合法性地位，只有获得合法性承认，科技社团才能在社会网络中生存。同时，在科技社团的运行过程中，也需要政府部门对其活动进行政治上的认可以及政策上的保障。在科技社团生存发展初期，自身能力和社会影响力相对弱小，大部分科技社团都需要通过资源依赖行为来维持与政府部门之间的关系，得到政府部门权威性认同和政策性扶持。汪锦军（2008）认为，在我国，民间组织想要实现自身的组织目标，其面向社会所提供的服务质量并不会为组织目标的实现带来决定性的影响，而更多地取决于政府的政策导向。因此，在科技社团的现有生存发展模式下，权威性资源的获取只能来自对政府政策性资源的依赖，只有政府部门赋予其相应的权力，一些科技社团才能够维持其组织运行，并通过政治资源的获取向经济利益转化。对于科技社团来说，在外部环境的多重因素影响下，政治性资源的依赖可以有效地提升组织的运行效率。所以，科技社团资源依赖行为的发生往往带有特定的政治目的，资源依赖行为动因在很大程度上来源于对政治性政策资源的权力追逐。

（三）社会动因

科技社团资源依赖行为在一定程度上也受到社会动因的影响，社会动因主要指科技社团对社会公民服务的回应，从而从社会公民处获得相应的社会公信力资源。从我国科技社团的发展现状来看，基本上都处于萌芽期和发展期，对于经济利益和政治的权威性追逐是科技社团资源依赖行为发生的主要动因，其资源依赖行为发生的首要目标是在市场化环境中生存下去，而对于社会公信力等资源的获取，在科技社团的萌芽期和发展期则显得不那么重要。因此，在针对科技社团资源依赖行为动因的调研分析中，我们不涉及科技社团的社会动因。

第二节 动因统计分析

一、问卷设计与发放

根据对科技社团资源依赖行为动因的整理和归纳，结合科技社团实际，将科技社团资源依赖行为动因整合为6个，具体如下。

动因1：市场经济导向。

动因2：生存资源不足。

动因3：政策性约束。

动因4：资源路径依赖。

动因5：资源无法替代。

动因6：提升组织能力需要。

在问卷设计上，严格遵循问卷调查的科学性与可行性，根据整合内容设计了科技社团资源依赖行为动因的调查问卷。并根据调研对象对科技社团资源依赖行为动因的重要程度识别，将其划分为不同的高低分值，供调查对象选择。其中，Q代表动因，1－5代表从弱到强的程度。设计的调查问卷如表4－1所示。

表4－1 科技社团资源依赖行为动因调查表

动因	分值				
Q1 市场经济导向	1	2	3	4	5
Q2 生存资源不足	1	2	3	4	5
Q3 政策性约束	1	2	3	4	5
Q4 资源路径依赖	1	2	3	4	5
Q5 资源无法替代	1	2	3	4	5
Q6 提升组织能力需要	1	2	3	4	5

在问卷发放上，为了全面了解科技社团资源依赖行为发生的动因，本书将中部地区具有代表性的W市科技社团作为调查对象。从调查对象分布上来看，W市作为中部地区最大的省会城市，其科技社团在学科分布上基本涵盖了理、工、农、医以及交叉学科类，各类科技社团从数量和规模上看分布较为均匀。因此，选择W市科技社团作为研究样本具有一定的代表性。具体样本状况如第三章第一节所示，在此不再重复阐述。

二、统计结果

通过问卷整理，结合调研数据来对科技社团资源依赖行为中每一类动因进行数据分析，并根据分析结果对科技社团资源依赖行为动因的重要性进行排序。在数据分析过程中，通过W市科技社团被调查者对调查问卷中每一动因打分，将样本中的所有得分进行相加，最后除以样本总数，由此得到科技社团资源依赖行为动因中每一类动因的重要性分值。根据样本数据分析得出的分值大小进行排序，科技社团资源依赖行为发生的动因排名依次为：生存资源不足4.3分；提升组织能力需要3.8分；资源无法替代3.5分；市场经济导向3.2分；政策性约束2.7分；资源路径依赖2.1分，如图4－4所示。

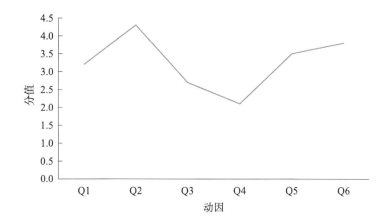

图 4 - 4　科技社团资源依赖行为动因重要性分析

三、统计结果分析

通过对 W 市科技社团资源依赖行为动因的调查研究，并结合 W 市科技社团资源依赖行为动因的数据分析结果可以看出，当前科技社团基本上都存在着资源依赖行为，而科技社团资源依赖行为从具体动因上看主要包括生存资源不足、提升组织能力需要、资源无法替代、市场经济导向、政策性约束以及资源路径依赖六大类。从资源依赖行为动因的构成上看，基本上涵盖和验证了本章第一节中对于科技社团资源依赖行为动因的宏观分类。在此，针对调研和统计结果，对科技社团资源依赖行为动因做进一步分析。

（一）生存资源不足

生存资源不足仍然是当前科技社团资源依赖行为发生的最重要的动因，这同时也与资源依赖理论中提出的理论观点一致。资源依赖理论认为，任何组织进行资源依赖行为的目的都是为了生存，科技社团面对日益变化的经济社会环境，不得不将生存作为首要目标。对于科技社团来说，生存资源的获取是组织在经济社会中的生存基础，只有拥有了生存所需要的基本资源，如资金、人才、办公场所等，才能参与到整个社会网络中去，在市场化社会网络中只有具备基本的生存条件和生存能力，组织才能够进一步开展和完善组织活动。同时，针对 W 市的调研中发现，当前，绝大部分科技社团处于求生边缘，既缺乏生存资源，又缺乏社会需求，甚至很多科技社团在社会中几乎不为人所知，科技社团的应收会费和实收会费间存在着很大的差距，会费无法收齐，会员缴纳会费意愿性不强。

在调研中发现，科技社团组织收入主要依靠举办某一活动时向参与者收取费用，如开展学术交流向参与者收取一定的活动经费、举办年会收取一定的运行经费等，大部分科技社团都通过这样一种形式维持组织的运行，这在学术交流型社团中尤为明显。大部分科技社团发展较为弱小，收入来源相对单一，为了生存下去，不得不产生生存资源依赖行为。

（二）提升组织能力需要

提升组织能力同时也是科技社团资源依赖行为产生的动因。根据调研发现，大部分科技社团认为资源依赖行为可以为组织自身的综合能力带来提升。当前，在我国，科技社团仍然处于生存发展初期，从科技社团的生存发展历程上看带有一定的组织特殊性，大部分科技社团在萌芽期，仅仅只是为了进行学术交流而存在，但随着市场经济的逐渐形成，国外已有许多科技社团从单纯的学术交流型社团转变为综合服务型社团，我国大部分科技社团的组织定位及生存能力已经无法适应经济社会的发展，在这一背景下，我国科技社团要想获得生存资源，就必须扩展自身的活动范围，提高组织的专业化服务能力，面向社会提供相应的公共服务和公共产品。同时，在科技社团转型过程中，资源的外部有效供给以及自身资源的获取能力是维持科技社团组织转型的必要条件，任何一个组织在社会环境中，都不可能拥有自身发展所需要的各种资源，无法将全部资源自给自足，加之外部环境（组织）对科技社团的直接性资源扶持越来越少，将会通过公共服务购买、科技类政府职能转移等方式促使其面向市场和社会来交换生存资源，获取生存机会。科技社团在这样一种模式下，为了获取生存资源则必须通过自身专业性优势和组织整体能力的提升来提供公共服务，从而进行生存资源互换，通过服务来换取资源。

（三）资源无法替代

资源的无法替代性是科技社团资源依赖行为发生的主要动因。科技社团在资源获取过程中，部分资源的拥有者具有唯一性，导致了科技社团的一部分生存发展资源无可替代，而这一部分资源却是科技社团生存所必需的，例如合法性资源、政策性扶持等。科技社团想要获得这一部分资源，不得不产生资源依赖行为。2013 年《国务院机构改革和职能转变方案（草案）》中规定，科技类社会组织可以直接登记，不再需要业务主管单位的审查同意。但通过调研发现，一个科技社团要想开展组织活动，仍然需要获得认可才能在当地民政部门登记成立，从而获取自身的合法性身份。在科技社团的组织活动开展中，政府部门会每年对其进行绩效考核和业务指导，科技社团只有在业务指导单位的政策许可下，才能进行业务开展。同时，在承接政府职能转移方面，由于政府部门属于职能让渡者，科技社团要想承接政府职能也只能依赖政府的选择。

（四）市场经济导向

市场经济导向从动因分类上来看可以说是科技社团资源依赖行为的外部动因。随着经济社会的不断发展，一些由政府部门改制而来的科技社团将逐步与政府部门脱钩。在市场经济环境下，任何一个组织想获得生存资源、扩展自身的生存空间，都必须面向社会和市场开展组织活动。而在面向社会和市场开展活动的同时，资源依赖行为也相应发生。在市场经济环境下，科技社团虽然作为非营利组织参与社会公共服务，但其收入的获得也用于组织自身的发展，在市场经济这一环境下，一部分科技社团开始与企业合作，承担企业委托的各类业务，如向企业提供决策咨询、面向企业进行科技成果转化等，在科技社团所开展的业务活动中，这一类服务并不完全是公益性行为，其组织行为带有一定的自利性，科技社团希望通过该类服务获取外部环境（如企业、社会）的资金来源，因此，市场经济导向下的资源依赖行为也相应产生。

（五）政策性约束

科技社团资源依赖行为的发生在很大程度上受到国家政策性约束的影响。所谓政策性约束，主要是指政府对于科技社团所颁布的各项规章制度，监督和限制其组织活动。政策性约束的产生同时在一定程度上也导致了科技社团面向市场和社会开展活动的积极性不高、意愿性不强。在我国，由于对于科技社团收入来源的合理分配办法还没有形成一套完善的制度体系，许多科技社团认为即使面向企业和社会提供的科技类公共服务也仅仅是"锦上添花"，并不能使组织本身和组织中的个人受益，导致了其不愿提供社会服务，平时仅仅举行一些科技社团内部的学术交流活动，通过会费和活动经费的收取来维持组织的正常运行。对于科技社团自身来说，政府对于社团的政策性约束促使了科技社团资源依赖行为的发生，科技社团在无法面向市场和社会展开活动并获取相应的组织收益时，只能依赖政府或挂靠单位的资源供给。

（六）资源路径依赖

资源路径依赖也可称为资源依赖的制度惯性。❶ 这是与我国科技社团成立、发展的历史背景分不开的。过去，我国大部分科技社团都是由政府部门改制而来或者直接由政府部门、高校及科研院所出资成立的，科技社团中组织架构和体系都与政府部门高度一致，社团专职工作人员大部分也是由相关政府部门工作人员担任，办公场所以及办公经费都由上级部门提供。在调研中发现，当前绝大部分科技社团并非是一个"经常性组织"，科技社团中人员兼职比例较高，科技社团所给予的工作报酬并不是领导层和工作人员收入的唯一来源，科技社团在基础性物资等资源的获取上严重依赖政府部门、高校及科研院所的供给。

通过调研发现，在科技领域治理转型背景下，仍然有一部分科技社团没有面向市场进行转型，还依赖于政府部门或挂靠单位的资源扶持，导致了对资源的路径依赖。科技社团的资源依赖行为发生中，路径依赖是其主要动因之一，部分科技社团仍然可以不通过与市场和社会互动来获取资源，仅仅依赖政府和挂靠单位的资源扶持获得运行经费等组织生存性资源。科技社团在这样一种直接性资源索取模式下，将导致其生存活力和生存能力的缺失。同时，科技社团的资源依赖行为也将进一步增强。

---

❶ 曹瑄玮，席酉民，陈雪莲. 路径依赖研究综述［J］. 经济社会体制比较，2008（3）：185 – 191.

第三节　动因实证分析

一、研究假设

为了确保研究的客观性与科学性，我们针对科技社团的资源依赖行为动因进行实证研究，结合调研情况对科技社团在不同发展阶段所产生的资源依赖行为动因进行分析。通过对科技社团资源依赖行为动因的统计性描述和重要性分析，我们认为科技社团在不同的组织发展阶段，资源依赖行为受到的动因影响因素是不同的。在萌芽阶段，科技社团由于处于组织初创时期，其关注的主要目标是在社会网络中生存下去，因而需要大量的资金支持来维持组织运行，提升组织竞争能力等；而到了发展阶段，已经具备了维持组织生存的基础性资源，如人、财、物等自然性资源，在这一阶段，组织需要大量的行为合法性支持以及政府的政策性倾斜来帮助组织继续发展。因此，在科技社团的组织发展阶段，外部因素的影响便成为科技社团资源依赖行为的主要动因。基于以上分析，我们提出如下研究假设。

H1：科技社团在不同发展阶段的资源依赖行为动因是不同的。

H2：处于萌芽期的科技社团在资源依赖行为动因上更容易受到内部因素的影响。

H3：处于发展期的科技社团在资源依赖行为动因上更容易受到外部因素的影响。

二、研究样本及特征

本次调研以向科技社团发放调查问卷为主要形式，通过实地走访，现场将调查问卷送到被调查科技社团的理事长或者秘书长等相关人员手中。调查样本具体情况在第三章第一节中有所介绍，此处不再赘述。

三、变量界定

(一) 科技社团发展阶段

组织生命周期理论认为，组织在发展过程中将会处于不同的发展阶段。因此，我们首先结合科技社团发展现状和学者观点对其发展阶段进行划分，将 W 市科技社团分为萌芽期、发展期以及成熟期三个阶段。

但在实地调查的过程中发现，对科技社团发展阶段的划分并不能简单地根据其成立年限来界定，一些社团成立时间长，但是生存活力却较差，组织活动开展较少。因此，我们根据近五年来被调查科技社团的每年平均活动次数作为其生命周期的衡量标准。这一划分标准既可以避免科技社团在某一年因其他外部因素影响造成的活动数量突增或锐减的情况，同时也可以避免科技社团组织成立时间长，但在组织活动开展方面却与成立时间不相符的情况。

综上所述，我们对科技社团的发展阶段作出如下界定：科技社团平均每年活动次数 8 次以下为萌芽期，8 到 15 次为发展期，15 次以上为成熟期。根据这一划分标准，通过对回收的调研数据整理统计，目前 W 市的81 家科技社团中，有 47 家处于萌芽期，34 家处于发展期，处于成熟期的为 0，如表 4 - 2 所示。这一统计结果也验证了科技社团相关管理者、专家以及学者的观点，徐顽强和朱喆 (2015) 认为我国当前科技社团仍然处于萌芽阶段和发展阶段，与国外成熟型科技社团相差甚远。因此，在本文的实证研究中，为了学术研究的真实性，我们只将萌芽期和发展期作为科技社团发展阶段的相关变量，仅对萌芽期和发展期的科技社团资源依赖行为动因进行分析。

表 4 - 2　W 市科技社团发展阶段　　　　　　　　　　　　单位/家

发展阶段	活动次数		
	8 次以下	8 ~ 15 次	15 次以上
萌芽期	47		
发展期		34	
成熟期			0

（二）资源依赖行为动因

1. 内部因素影响

科技社团资源依赖行为动因受到组织内部因素的影响。从宏观上看，就是指科技社团所发生的一系列资源依赖行为，其目的是为了给科技社团直接带来基础性生存资源。同时，经过前述章节对科技社团资源依赖行为动因的描述和分析，我们将生存资源不足、资源无法替代以及提升自身能力需要三个动因进行重新划分，将其划入影响科技社团资源依赖行为动因的内部影响因素中。

2. 外部因素影响

从前面章节对科技社团资源依赖行为的分类可以看出，科技社团在资源依赖行为发生中不仅受到组织自身需求即内部因素的影响，其行为动因同时也受到组织外部环境变迁的影响。因此，在外部因素的归类和划分中，为了研究的科学性，我们将市场经济导向、政策性约束以及资源路径依赖作为科技社团资源依赖行为的外部动因。

在这里需要对"资源路径依赖"这一变量单独进行解释，在资源路径依赖这一变量的划分中，有学者认为应将其划为内部动因，但通过研究发现，资源路径依赖从其本质上看仍然是由于外部组织（如政府或挂靠单位）对科技社团的持续性资源扶持造成的。因此，为了研究的可行性，我们在本文中将资源路径依赖划分为影响科技社团资源依赖行为动因的外部因素。

四、实证分析过程

在实证分析中，研究采取方差分析法（Analysis of Variance，ANOVA）对科技社团在不同发展阶段下的资源依赖行为动因差异进行分析。

按照科技社团的发展阶段，将样本数据分为两组，分别是萌芽期（A）和发展期（B）。分别计算"内部因素"：生存资源不足、资源无法替代和提升组织能力在不同发展阶段科技社团中的动因差异，以及"外部因素"：市场经济导向、政策性约束和资源路径依赖不同发展阶段的动因差异。

（一）"内部因素影响"的方差分析检验

因素1：生存资源不足。组织进行资源依赖行为的首要目的是为了生存，科技社团面对日益变化的经济社会环境，不得不将基本生存资源获取作为其资源依赖行为的首要目标。在实证分析中，进行单因素方差分析的一个前提是需要检验方差齐性（Homogeneity of Variances）。因此，在实证分析中首先对其方差齐性进行检验，检验结果如表4-3所示。

表4-3　"因素1"方差齐性检验

Levene 统计量	df_1	df_2	显著性
1.4345	1	79	0.6145

由表4-3可知，方差齐性检验结果为0.6145，大于0.05的显著水平，因此满足方差分析的要求，即可进行方差分析。方差分析结果如表4-4所示。

表4-4　"因素1" ANOVA

ANOVA	平方和	df	均方	F	显著性
组间	11.84210526	1	11.84210526	16.58	0.0001
组内	52.84210526	79	0.71408250		
总数	64.68421053	80			

由表4-4可知，其 p 值小于0.05的显著水平，表明在不同发展阶段，科技社团在生存资源不足这一行为动因方面具有显著性差异。

随后，通过数据检验分析得出处于萌芽阶段的科技社团均值大于发展阶段，内部因素1相较于发展阶段的科技社团来说，对处于萌芽阶段科技社团的驱动更为明显，如表4-5所示。

表4-5　"因素1"比较均值

组别	A	B
均值	4.3158	1.0963

因素2：资源无法替代。资源无法替代也是科技社团资源依赖行为发生的主要动因。同上所述，首先需要进行对数据的方差齐性检验来满足方

差分析检验的前提条件，检验结果如表 4-6 所示。

表 4-6　"因素 2"方差齐性检验

Levene 统计量	df₁	df₂	显著性
1.5216	1	79	0.4207

由表 4-6 可知，方差齐性检验结果为 0.4207，显著性水平大于 0.05，因此可进行下一步方差分析，分析结果如 4-7 所示。

表 4-7　"因素 2"ANOVA

ANOVA	平方和	df	均方	F	显著性
组间	8.01515152	1	8.01515152	9.82	0.0026
组内	52.24242424	79	0.81628788		
总数	60.25757576	80			

由表 4-7 可知，p 为 0.0026，小于 0.05，说明在不同的发展阶段，科技社团"资源无法替代"这一动因具有显著性差异。

根据表 4-8 所示，在萌芽阶段其均值大于发展阶段，因此，说明内部因素 2：资源无法替代，在科技社团萌芽阶段表现得更为明显。

表 4-8　"因素 2"比较均值

组别	A	B
均值	3.9697	2.1516

因素 3：提升自身能力需要。提升组织能力同时也是科技社团资源依赖行为产生的重要动因。根据调研数据统计，有大部分的科技社团认为资源依赖行为可以为组织自身的能力带来提升，因而本书通过方差分析对这一调查结果进行检验。

检验结果发现，方差齐性检验结果为 0.4104，显著性水平大于 0.05，可以进行方差分析。如表 4-9 所示。

表 4-9　"因素 3"方差齐性检验

Levene 统计量	df₁	df₂	显著性
3.6589	1	79	0.4104

通过该项结果我们发现 $p = 0.07149 > 0.05$，并不能得出科技社团两阶段之间差异显著的结论。如表 4 – 10 所示。

表 4 – 10 "因素 3" ANOVA

ANOVA	平方和	df	均方	F	显著性
组间	0.2285714	1	0.2285714	0.13	0.07149
组内	115.5428571	79	1.6991597		
总数	115.7714286	80			

但通过进一步分析，从其均值上看具有一定的差异性。因此，我们认为该动因存在于两个阶段的科技社团之间。如表 4 – 11 所示。

表 4 – 11 "因素 3" 比较均值

组别	A	B
均值	3.7143	3.6000

综上所述，我们可以看出在内部因素影响中，第三个因素即"提升自身能力需要"上得出不同阶段科技社团之间对资源依赖的解释上具有差异这一结论不够显著。但通过进一步分析，从其均值上看具有一定的差异性，由此也可以说明"提升自身能力需要"这一内部因素在科技社团生命周期中的两个阶段对其资源依赖行为有影响，科技社团在不同发展阶段都会为了提升组织自身的生存能力而进行资源依赖行为。此外，其他两项检验均表明了处于萌芽期的科技社团相对于发展期的科技社团，在其资源依赖行为驱动上更容易受到组织内部因素的影响。

（二）"外部因素影响"的方差分析检验

因素 1：市场经济导向。市场经济导向客观存在，但将市场经济导向作为影响科技社团不同发展阶段资源依赖行为的外部动因基于如下考虑：在我国，由于体制的影响，科技社团在组织萌芽时期有业务指导部门、挂靠单位的资源扶持，很少参与市场外部资源竞争，一般不需要与外部环境之间进行资源互换即可获得基本生存资源。因此，资源依赖行为发生受市场经济导向影响不大，但随着组织的发展壮大，直接性扶持比例将逐渐下降，同时，直接性资源扶持也无法满足组织发展需求，组织需要面向市场进行资源获取。因此我们在这里通过模型对该影响因素进行检验，验证研究中所提出的假设。

检验结果发现，方差齐性检验结果为 0.6145，显著性大于 0.05，可进行方差分析，如表 4 - 12 所示。方差分析结果如下：

表 4 - 12 "因素 1"方差齐性检验

Levene 统计量	df_1	df_2	显著性
1.4345	1	79	0.6145

由表 4 - 13 可知，$p = 0.0061 < 0.05$，因此可以得出处于不同发展阶段的科技社团在该项原因上具有明显的差异。

表 4 - 13 "因素 1"ANOVA

ANOVA	平方和	df	均方	F	显著性
组间	7.11290323	1	7.11290323	8.09	0.0061
组内	52.77419355	79	0.87956989		
总数	59.88709677	80			

根据两者的均值计算可以发现，处于发展期科技社团的均值高于萌芽期，因此，处于发展期的科技社团更容易受到该因素的影响而产生资源依赖行为。如表 4 - 14 所示。

表 4 - 14 "因素 1"比较均值

组别	A	B
均值	2.9032	3.4194

因素 2：政策性约束。所谓政策性约束，主要是指权威部门对科技社团所颁布的各项规章制度，用于监督、约束以及管理其组织活动。同上所述，其数据检验结果如下。

由表 4 - 15 可知，方差齐性检验显著性大于 0.05，可以进行方差分析。

表4-15 "因素2"方差齐性检验

Levene 统计量	df$_1$	df$_2$	显著性
0.8853	1	79	0.4344

由表4-16可知，其 p 值远小于显著水平0.05，可以得出不同阶段科技社团在此影响因素的选择上具有显著性差异。

表4-16 "因素2" ANOVA

ANOVA	平方和	df	均方	F	显著性
组间	23.55769231	1	23.55769231	31.47	0.0001
组内	37.42307692	79	0.74846154		
总数	60.98076923	80			

通过分析发现，处于发展期科技社团的均值大于萌芽期社团，说明处于发展阶段的科技社团在资源依赖行为中更容易受到政策约束动因的影响。如表4-17所示。

表4-17 "因素2"比较均值

组别	A	B
均值	1.8077	3.1538

因素3：资源路径依赖。资源路径依赖同时也可称为资源依赖的制度惯性。对该变量的说明在上述章节中已经进行了详细的解释，在此不再赘述。

由表4-18可知，方差齐性检验显著性水平大于0.05，可以进行方差分析，分析结果如下：

表4-18 "因素3"方差齐性检验

Levene 统计量	df1	df2	显著性
0.7044	1	79	0.9169

由表4-19可知，其 p 值大于显著水平0.05。因此，不同阶段科技社团在此动因选择上不具有显著性差异。

表4-19　"因素3" ANOVA

ANOVA	平方和	df	均方	F	显著性
组间	0.21428571	1	0.21428571	0.39	0.5352
组内	21.90476190	79	0.54761905		
总数	22.11904762	80			

但同时，我们通过计算二者均值发现在两个发展阶段科技社团均认为资源依赖行为的发生受到资源路径依赖的影响，如表4-20所示。

综上所述，在科技社团资源依赖行为的外部因素影响中，处于发展期的科技社团资源依赖行为动因更多的受到外部因素的影响。

表4-20　"因素3"比较均值

组别	A	B
均值	1.8095	1.6667

五、实证结果分析与讨论

（一）结果分析

第一，从实证分析可以看出，科技社团在不同发展阶段的资源依赖行为动因具有显著性差异，假设1通过验证；第二，科技社团在萌芽阶段，资源依赖行为受到内部因素的影响更为明显，而在发展阶段，资源依赖行为受到组织外部因素的驱动更强，假设2、假设3通过验证；第三，在分析中我们同时也发现，科技社团在萌芽期和发展期的资源依赖行为动因同时受到"提升组织自身能力"这一内部因素和"资源路径依赖"这一外部因素的共同影响。因此，研究认为，两个因素共同影响着科技社团在不同阶段的资源依赖行为的发生。

（二）结果讨论

第一，在萌芽阶段，科技社团由于自身能力弱小，发生资源依赖行为的动因更容易受到其生存资源不足和资源无法替代的影响。而在发展阶段，科技社团由于基础性生存资源已经能够维持其组织独立运行，在资源获取上，科技社团已经具备了向外部环境寻找替代资源的能力。因此，生存资源不足和资源无法替代并不是其资源依赖行为发生的主要动因。

第二，政策性约束是导致发展期科技社团进行资源依赖行为的主要原因，科技社团在向外部环境寻找替代资源时，会受到权威部门的政策性约束。因此，发展期科技社团在资源依赖上更加依赖于权威部门的政策性资源，而萌芽期科技社团由于缺乏对外进行资源互换的能力和意识，政策性约束对其影响并不是很大。

第三，外部经济导向是科技社团发展期进行资源依赖行为的重要动因。在发展阶段，随着组织的发展壮大，政府及挂靠单位对科技社团的直接性扶持比例将逐渐下降，直接性资源扶持同时也无法满足科技社团的组织发展需求，组织需要面向市场来提升资源获取效率，获取更多的组织发展资源。但同时，经济性的利益追逐已经逐渐开始在发展期科技社团中呈现。

第四，在资源依赖行为发生的路径依赖影响因素上，对于萌芽期科技社团与发展期科技社团来说，同时存在。对于萌芽期科技社团来说，政府及挂靠单位的资源持续性供给，造成了其资源依赖惰性，产生了资源路径依赖结果，资源路径依赖将会直接作用于其资源依赖行为的产生。而对于发展期科技社团来说，因为受到政策约束和外部市场资源竞争机制尚未完善的影响，在其萌芽期所产生的组织资源依赖惯性将会继续存在于组织发展阶段，并在一段时间内伴随着科技社团的生存发展，影响着科技社团资源依赖行为的发生，只是在动因表现上相对于其他因素来说没那么强烈。

第五，处于发展阶段的科技社团资源依赖行为也受到提升组织自身能力的内部因素驱动。在组织自身能力提升需求上，萌芽期科技社团与发展期科技社团同时存在，发展期科技社团同时也需要进行资源依赖行为来继续提升组织生存发展能力，只是在该过程中将会进行资源依赖行为转化，在本章中不过多讨论。

综上所述，本章对科技社团资源依赖行为动因进行了研究，首先从宏观上对科技社团资源依赖行为动因进行了分类，分别从科技社团资源依赖行为发生的内部动因、外部动因进行分析，并对科技社团资源依赖行为动因的驱动进行了深入的研究，从经济、政治和社会的角度对科技社团资源依赖行为动因内容进行了探讨；其次，结合上述章节对科技社团资源依赖行为动因的划分，从微观上将科技社团资源依赖行为动因进行重新整合归纳，分为市场经济导向、生存资源不足、政策性约束、资源路径依赖、资源无法替代以及提升组织能力需要六大动因，并结合对 W 市科技社团的调研，对科技社团资源依赖行为动因进行了描述性统计分析以及重要性分析，对科技社团资源依赖行为的动因进行了深入的探讨和研究；最后，结合组织生命周期理论对科技社团在不同发展阶段所产生的资源依赖行为动因进行了实证研究。研究认为，科技社团资源依赖行为的动因与科技社团的发展阶段有着重要的联系，科技社团在不同发展阶段的资源依赖行为动因是不同的，科技社团在萌芽阶段，资源依赖行为动因受到内部因素的影响更为明显，而在发展阶段下，资源依赖行为动因受到组织外部因素的驱动更强。

第五章　科技社团资源依赖行为过程

　　不同的科技社团产生着不同的资源依赖行为，不同的组织生存需求和外部环境的影响共同作用于科技社团资源依赖行为的发生。在本书的前述章节里，对于科技社团的资源依赖行为进行了分类和动因阐述，科技社团主要通过对政府、高校（科研院所）、企业、社会公民以及媒体等客体进行外部资源依赖，同时科技社团对于组织会员，特别是组织中的精英群体也存在着内部资源依赖，资源依赖模式影响着科技社团的生存发展，造成了科技社团"依附""服务"和"合谋"三种资源依赖行为的发生。通过对科技社团资源依赖行为主体、方式、媒介、指向以及动因进行分析后，本章从科技社团在资源依赖行为中所采取的资源依赖行为策略、选择以及行为的困境来对科技社团资源依赖行为的过程进行分析。

　　本章通过田野的实地调研、深度访谈等方式，对科技社团在直接性资源索取模式下的"依附行为"、间接性资源互换模式下的"服务行为"以及合作性资源共获模式下的"合谋行为"进行分析研究，分析"依附""服务"和"合谋"三种资源依赖行为的主要行为策略、选择以及行为困境，通过对科技社团三种不同的资源依赖行为过程的案例分析，阐述科技社团资源依赖行为过程的运行机理，分析科技社团到底是怎样进行资源依赖行为的，描绘出一个清晰的科技社团资源依赖行为脉络，构建科技社团资源依赖行为的过程模型。

第一节　行为策略

　　本书通过田野调查，选择具有代表性的科技社团进行资源依赖行为的案例研究，分析科技社团的资源依赖行为过程。分别选择了具有政府背景但尚未与政府部门脱钩的科技社团——W市知识产权研究会、W市法医学会，以及具有高校背景的学术交流型科技社团——W市粘接学会来对资源依赖行为中的"依附行为"进行研究；通过社会服务型科技社团——W市生物医学工程学会来对资源依赖行为中的"服务行为"进行研究；通过资源共获型科技社团——W市医药卫生学会联合办公室下属14家医学类学会来对其进行资源依赖行为中的"合谋"行为研究，如表5-1所示。

表5-1 科技社团资源依赖行为解释及案例对象

资源依赖行为	行为解释	案例对象
依附行为	组织自身没有对外服务 通过政府及挂靠单位获取资源	W市法医学会 W市粘接学会 W市知识产权研究会
服务行为	组织自身有对外服务 通过服务来获取资源 政府及挂靠单位没有对其资源扶持	W市生物医学工程学会
合谋行为	组织自身有对外服务 服务并不是其主要资源来源 政府及挂靠单位没有对其资源扶持	W市医药卫生学会联合办公室 下属14家医学类学会

一、"依附"行为策略

（一）"寄居蟹"的艺术

邓宁华（2011）认为，缺乏社会基础的体制内社会组织将会利用国家的特殊合法性支持而进入到社会领域中汲取资源，他将这样一种行为形象地称为"寄居蟹"的艺术。在针对W市法医学会的调研中，发现这样一种行为模式同时也是该科技社团进行资源依赖行为，获取生存发展资源的主要策略和过程。在调研中发现，W市法医学会在组织生存资源上完全依附于挂靠单位，组织运行所需要的资源完全依赖挂靠单位的提供。W市法医学会在生存发展中除进行考核单位所规定的"必须动作"（即每年召开相应的年会、举办一定次数的社团活动等）外，组织没有任何活动。科技社团"依附行为"的发生是由于社团与外部环境之间没有进行独立的资源交换，同时，社团自身仍然接受政府及挂靠单位（高校、科研院所等）的直接资源扶持所导致而成的，在其行为发生的演化过程中，受到外部环境和组织自身的双重影响。

案例 5-1　W 市法医学会。该学会由 W 市公安局刑侦支队倡导成立，同时该科技社团的挂靠单位也是 W 市公安局刑侦支队。过去 W 市法医学会除了进行该行业领域的学术交流外，还承担了一部分 W 市的司法鉴定工作。学会过去在组织运行经费方面，主要是通过市公安局向其"定向转移"的司法鉴定等职能来获得业务的开展，并获得一定的组织经费；在社团专职人员方面，没有专职工作人员来维护社团的日常运行，学会日常管理人员基本上是由公安局刑侦支队的工作人员兼任，秘书长和理事长都由公安局的相关领导兼任。

（二）向会员"汲取"资源

在调研中发现，采取依附行为进行资源依赖的科技社团除了具有政府背景，同时在具有高校和科研院所背景的科技社团中也比较常见，"依附行为"较多地发生于学术交流型科技社团中。收取会员会费是科技社团获取自身生存性资源的重要手段之一。在对 W 市科技社团资源依赖行为的调研中发现，大部分科技社团仅仅靠收取会费来维持组织运行，这一部分科技社团基本上没有对外的产品和服务，其组织活动仅仅是进行一些单纯的学术交流，收入来源较为单一，在资源依赖行为过程中，往往是通过对内部资源的集合来获得组织资源。大部分科技社团通过依附于组织内部和挂靠单位中精英群体的权威性或社会影响力来吸纳会员，并从会员处获取组织运行的基本经费、办公场所以及工作人员。

案例 5-2　W 市粘接学会。该学会属于典型的学术交流型科技社团，学会本身没有任何的社会职能，也没有承接政府任何的社会事务性工作，学会的收入来源单一，组织运行经费、办公场所等都依赖于组织会员的供给。同时，该组织缺乏专职工作人员，学会秘书长是一名退休的高校教师，为学会日常事务所做的工作完全是义务性的，秘书长本人在组织运行工作服务中没有拿到任何的报酬。

（三）从"遵从"到获取

科技社团在"依附行为"中，其资源获取策略往往通过"遵从"政府部门的命令和意志来获取组织自身的生存发展资本。这一部分科技社团从组织成立之初就是由政府部门倡导、出资成立的，其资源依赖行为只能选择通过服从政府部门的意志来获取生存资源。现有研究认为，在我国，社会组织与政府间存在着千丝万缕的联系，政府资助是其生存资源的重要来源，而与政府间所建立的政治关联是维持这种关系的主要方式，政治关联的建立为社会组织获得政府援助提供了相应的便利性，有政治关联的社会组织更容易获得政府援助（刘丽，和李建发，2015；徐宇珊，2010）。政治关联作为影响社会组织成长资源获取的重要社会资本，能够对现有资源边界进行扩大和改进，从而提升社会组织生存资源获取效率（蔡宁 等，2018）。许鹿等（2018）在对 A 市 138 家社会组织的实证分析中发现，负责人的从政经历及从政网络会正向影响社会组织的资源获取绩效。而社会组织领导者所具有的政治关联会给组织自身带来基础性资源获取和社会评价等方面的优势（邓敏 等，2018）。

通过调研案例 5 - 3 分析发现，具有政府背景且尚未与政府部门脱钩的 W 市知识产权研究会在组织生存资源获取中主要依赖于政府的供给，该科技社团从 1985 年成立至今，主要开展知识产权类的学术交流以及相关培训和咨询服务。但通过调研发现，其组织对外的活动及形象带有一定的官方性质，而通过服从政府意志来获取资金是其资源依赖行为的主要策略。

案例 5 - 3 W 市知识产权研究会。从其组织介绍中可知已经与知识产权局（即过去研究会的挂靠单位）脱钩，但由于组织发展的需要，仍然将办公场所设立在知识产权局内，没有独立的办公场所。该组织在运行经费等物质性资源上接受政府部门的资源扶持，知识产权局通过职能转移将一部分过去属于局里的行政职能转移给了 W 市知识产权研究会，研究会通过对外进行知识产权相关咨询和服务，承接过去政府部门的相关职能并获取组织生存需要的资源。但从研究会的现有角色看，W市知识产权研究会在一定程度上代表着知识产权局的相关意志，代表着政府在行使相应的职能，W市知识产权研究会通过"依附"行为来获取组织生存资源。

二、"服务"行为策略

在调研中同时发现，当前，W市的部分科技社团已经开始面向市场和社会转型，政府及相关挂靠单位对这一类科技社团没有任何的直接性资源扶持，科技社团自身拥有对外服务的意识、能力和业务，且组织资源主要依赖市场服务获得。

（一）面向市场进行"依赖转型"

通过面向企业或者社会公众提供相应的公共服务，不再依赖于政府以及挂靠单位的资源扶持，科技社团通过自身提供的公共产品和公共服务与外部组织进行资源交换，从外部环境中获得自身发展所需要的资源，这种资源依赖行为策略也是当前科技社团采取"服务行为"获得资源的主要策略之一。通过对具有代表性的W市生物医学工程学会调研发现，该社团通过专业化服务能力培育，并结合市场需求进行资源依赖行为转型，不再简单地将组织职能定位于学术交流，而是在进行学术交流的基础上，利用会员的专业化知识和能力面向企业和社会承接一定的科技类相关服务。

案例5-4　W市生物医学工程学会。学会成立之初主要从事生物医学工程类的学术交流活动，学会早期成员构成主要为个人会员（生物医学工程领域学者、专家等）。随着学会的不断发展，学会领导层决定吸收一些生物工程类企业到学会中来，将这一部分企业作为团体会员参与学会活动。通过吸纳企业加入，W市生物医学工程学会找到了一条提升组织生存能力和生存价值的有效路径——在会员和企业间打造一个科技转化的服务平台，学会通过平台构建和运作，既获得自身生存所需要的物质资源，同时也提升了组织存在的价值。该学会每年进行有效科技成果转化5次以上，学会所需要的运行经费在成果转化等服务项目中也得到了有效的解决。同时，W市生物医学工程学会运用自身的生物医学工程专业化优势，向一部分企业提供相关的决策咨询，并承担一部分企业委托的横向课题，W 市生物医学工程学会在资源依赖行为上主要依赖承接企业的课题和参与企业与会员间的科技成果转化，通过这样一种公共服务，获得自身生存发展所需要的资源。

（二）向权力部门争取职能转移

在科技社团直接性资源索取模式向间接性资源互换模式进行转移的过程中，科技社团的资源依赖行为表现为"服务"，通过服务行为进行资源获取。同时，从科技社团的生存发展来看，在外部组织停止对其直接性资源扶持和市场竞争机制尚未完善以及社团自身能力相对弱小的情况下，科技社团要想通过社会服务获取资源，则必须面向权力部门争取相应的政策支持和职能转移，通过对权威性资源的获取，来进行社会服务从而获得社会的认可。如图 5－1 所示。

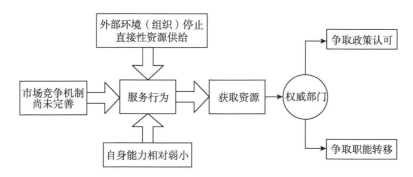

图 5－1　科技社团服务行为策略

在我国当前的社会结构中，缺乏官方背景的社会组织要想获得发展，必须依赖政府部门的职能转移和政策性资源的扶持，特别是在政策倾斜方面，处于萌芽或发展时期的草根科技社团如果要进行独立生存，面向社会服务，仍然需要向政府等相关部门进行权威性资源获取。

（三）面向公民提供社会服务

科技社团在"服务行为"中通过面向社会公民进行科技类社会服务等策略来获得组织发展所必需的社会资本——公信力。在调研中发现，科技社团对于普通社会公民的服务往往是"公益性"的，没有任何的经济性利益收入。但是，科技社团面向公民所提供的社会服务是其依赖行为演化的有效路径，在面向社会公民提供科技类社会服务的同时，可以营造一个良好的公民参与科技服务的外部环境，社会公民在获得科技社团"公益性"社会服务中，自身的服务参与意识在一定程度上也得到增强，科技社团通过行为策略在获得社会公信力等资源的同时，还能够从社会公民处获得相应的人力资源，即社会"志愿者"。

案例 5-5 W 市生物医学工程学会在服务行为策略中，还面向社会进行公益性科学普及活动，参与科普进社区等社会公共服务。通过对该学会秘书长的访谈得知：

"我们学会面向企业的服务收益已经可以维持组织的正常运转，但同时，学会还承担了一些社会'公益性'事务，有一些公共服务是政府要求的，许多科技社团不愿意去做，认为不能给学会带来直接性经济收益，还增加了学会的运行成本。但是我们'办会'需要有一定的前瞻性，通过社会服务可以提升社会公民对我们学会的认知，同时也可以获得社会公众对我们的认可，获得认可即获得了收益，获得认可也可以转化为经济利益，'服务'所带来的社会效应对于组织的发展来说至关重要，同时也是从经济收益中无法获取的。"

三、"合谋"行为策略

"合谋"行为是指科技社团在资源依赖行为过程中，政府及相关部门对科技社团停止了资源的直接性供给，社团自身面向市场和社会拥有对外的社会服务，但是社会服务并不是其组织运行资源的主要来源。

（一）对政府"权威性"资源获取

科技社团在资源行为策略中，由于挂靠单位已经对其停止了人、财、物等基础性生存资源的供给，社团只能通过向市场和社会提供相应的科技类服务来换取资源，但是在调研中发现，一部分科技社团虽然通过服务来获取组织资源，但其组织运行的基本资源事实上并非是通过服务所换取的资金。

科技社团在这样一种资源依赖行为方式的策略选择中，需要对政府的"权威性"资源进行获取，且这种资源往往不是通过完善的市场竞争获得的，其行为策略表现为"俘获"。诺贝尔经济学奖获得者——芝加哥大学教授施蒂格勒（Stigler）认为，一些利益追逐者和需求者会通过"俘获"立法者和管理者来促使政府提供有利于他们的管制。在对 W 市医药卫生学会联合办公室下属 14 家医学类学会的调研中发现，这一部分科技社团在其"合谋"行为发生的策略中，是通过"俘获"行为来获取管理部门的权威性认可，例如对其所开展的活动给予政策支持，规定会员可以通过参加社团组织的培训获得职称晋升所需要的学分，社团则从会员培训、考试等缴纳的费用中获得组织经费。

在调研中发现了一个有意思的现象，对 14 家医学类学会的调查显示，该类科技社团比 W 市的其他科技社团发展更为成熟，组织规模也更大，资源获取效率也相对较高。因此，准备对这 14 家社团进行案例专访，但对其组织负责人的访谈需求均未得到回应，所有社团均表示学会活动主要由 W 市医药卫生学会联合办公室负责。在对 W 市医药卫生学会联合办公室负责人的访谈中得知：

案例 5-6 W 市医药卫生学会联合办公室是 W 市卫生局直属的事业单位，负责"组织、协调、指导"W 市 14 家医学类学会所开展的所有活动。W 市医药卫生学会联合办公室负责人说：

"我们是它们（指 W 市 14 家医学类学会）的综合管理部门，我自己也是市卫生局的工作人员，主要负责对学会进行统一的管理和业务指导，它们的领导人都很忙，都是医学领域的专家、教授，平时自身工作繁重，哪有时间和精力来管理学会的事情。他们需要我们对其组织活动进行统一谋划，这样一种模式获得了很好的效果，我们为它们服务，可以帮它们向上要政策。"

"例如，《继续医学教育规定（试行）》中规定：继续医学教育实行学分制。继续医学教育对象每年都应参加与本专业相关的继续医学教育活动，学分数不低于 25 学分。所有的医生、护士都需要继续教育的学分，而学分怎么来？可以通过发表论文、参加医学论坛以及参加我们组织的会议和培训。相对于其他方式，通过参加我们组织的学术交流会和培训可能是他们获取学分的'最优渠道'。"

（二）收取企业赞助

收取企业赞助也是科技社团在"合谋"行为中的具体行动策略，由于科技社团在举办学术交流、会员培训等活动中，政府已经停止了对其的直接性资金扶持，但仅凭会员会费无法组织开展社团活动，科技社团在"合谋"行为下，随着组织规模的壮大，单纯的服务性收入已经无法满足其组织需求。同时，服务性收入的定价、使用也会受到相关管理部门的约束，在这样一种情况下，政府对于科技社团的治理"缺位"将会进一步导致科技社团采取寻找替代资源的方式来获取更多的利益收入，从而用于维持组织活动的运转。

案例 5 - 7　在 W 市的医学领域中，14 家科技社团的影响力很大，活动开展次数多、规模大，在活动开展的经费来源上仅凭会员会费是远远不够的，需要通过与医疗企业的合作来获取资金赞助，例如在学术会议中，医学类学会通过向企业出售会议旁的展台等方式获得会议经费。同时，这些企业也很愿意通过赞助来获得专家的帮助，因为到会专家可以免费为企业进行需求咨询，相关企业通过这样一个平台不仅可以推销自身的产品，还能够获得企业发展所需要的人脉资源，会议举办方也会提供医生的通讯录等个人信息作为回报。在调研中发现，很多企业都是抢着为学会的活动赞助，一些规模较小的企业甚至无法获得赞助资格。

第二节　行为选择

一、维持依赖现状

"维持资源依赖现状"是科技社团资源依赖行为过程中"依附行为"的唯一选择，同时也是其行为策略发生后所做出的被动性行为选择。由于没有与外部环境（组织）进行资源交换的行为，科技社团在这样一种资源获取模式下只能选择维持资源依赖现状，且在一定时期内资源依赖行为不会发生改变。同时，维持资源依赖现状也是建立在一定时期内，科技社团外部环境没有发生变化的基础之上。

从科技社团的生命周期来看，维持资源依赖行为现状主要发生在那些处于初创期（萌芽期）的科技社团，这一部分科技社团由于自身生存能力还较为弱小，没有获得与外部环境讨价还价的能力和手段，它们在资源依赖行为发生后，只要资源依赖行为能够为自身在初创期的生存中带来一定的资源，在科技社团进入下一生命周期的时间里，资源依赖行为往往不会发生改变，科技社团所采取的资源依赖选择仍然会维持"依附行为"。

从科技社团的组织背景来看，具有政府背景的 W 市知识产权研究会在经过资源依赖行为策略获得组织资源后，将会继续采取维持资源依赖现状的行为选择。具有政府背景的科技社团在资源依赖行为发生上相对于其他科技社团较低。同时，这一类型科技社团在外部环境没有发生变化时，在其社会网络活动中也只有依赖政府才能够获得资源竞争优势，具有政府背景的科技社团由于资源获取的成本较低以及其资源获取的便利性，导致了其行为选择的连续性。这一部分科技社团在资源依赖行为选择上，只要外部环境（如政策、体制等因素）没有发生改变，往往会继续选择现有的资源依赖行为。

从科技社团的组织类型上看，W 市粘接学会在资源依赖行为选择中，也会选择维持现有的"依附"类资源依赖行为。学术交流型科技社团往往处于一个较为封闭的组织环境中，这同时也是由于组织自身的角色定位而形成的。大部分学术交流型科技社团都没有面向市场和社会的公共服务，从外部环境来看，其他个体或组织，如社会公民、企业以及与科技社团没有业务往来的政府部门都很少知道这一类社团的存在。同时，由于科技社团中的学术交流型社团准入门槛相对较高，都是本行业、本领域的专家学者在一起进行学术交流活动，专业化程度较高，外部群体很难参与到科技社团的活动中来。学术交流型科技社团在资源依赖行为的选择上，缺乏相应的资源依赖行为转化能力和意识，仍然会选择维持"依附行为"来获得仅有的一些组织生存资源。

案例 5-8　在 W 市粘接学会成立之初，就是该领域的专家学者们为了给青年教师、学者、专家们提供一个学习和交流的学术平台而成立的，过去该学会还经常性的召开一些本学科领域的学术会议，组织大家通过会议交流相互之间进行学习。但随着外部政策的变化，挂靠单位停止了对学会的资源扶持，学会受到外部竞争，运行经费开始出现问题，加之学会在本行业内并不属于具有影响力的组织，学会无法给予会员直接性利益，许多会员对学会的认可度不高，在收取会费方面经常无法全部收齐，会员流动性较强。学会秘书长说道：

"我们学会的组织活动虽然没有其他科技社团举办的次数多，但是每年也有那么一两次，过去学会还办有一两本杂志，运行经费可以通过杂志收取的版面费来获取，后来由于北大核心、CSSCI 等学术成果考核标准的出台，学者们也不愿意花钱将学术论文等成果在该杂志上发表，甚至不花钱也不愿意发表，因为我们办的杂志不符合他们（本行业学者）职称等考评要求。因此，期刊也停办了。组织运行经费完全就是靠收取会员的会费来维持。"

二、停止依赖行为

"停止依赖行为"在受到外部环境影响的同时将发生于"依附""服务"和"合谋"三种资源依赖行为之中。停止依赖行为是科技社团在资源依赖行为发生过程中，由于受到外部环境的影响和冲击所采取的行为选择。所谓停止资源依赖行为，就是指科技社团在资源依赖行为策略中，无法从外部环境（组织）处继续获取相应的资源，在停止资源依赖行为选择时，科技社团往往处于"名存实亡"的状态。同时，科技社团也将被迫进行组织注销。

案例 5-9　随着国家政策的变化，不再允许相关职能部门既当"裁判员"，又当"运动员"，国家将司法鉴定职能从公安局剥离，交给了司法局下属的专业鉴定机构，进行社会化和市场化运营。W 市法医学会受到政策的影响，组织的基本生存资源遇到瓶颈，维护组织运行的工作人员因为是兼职工作，在收入没有增加的情况下，积极性缺失，同时从学会本身来看，组织虽然存在，但失去了一些维持组织运作的社会服务职能，基本没有活动开展，导致学会生存能力的进一步弱化。通过对 W 市法医学会秘书长的访谈得知：

> "法医学会在国家政策没有发生改变的时候发展得很不错，过去就没有收取过会员的会费，都是通过司法鉴定等社会服务获得一定的学会运行经费，可以说学会主要的收入也来自于此。过去学会办得很'红火'，会员之间通过举行一些组织活动彼此认识，既交流了专业知识也扩展了自身的人脉资源。我们（指 W 市法医学会）兼职管理人员每年也能够从学会中获得一定的工作报酬，每一个人的积极性都很高，但现在组织活动基本处于'停滞状态'。"

在对 W 市科技社团调研过程中发现，部分科技社团为了组织不被注销，通常会采取应付检查的手段维持科技社团的生命。而在实际运行中并没有开展任何组织活动，或为了达到科技社团年检指标，开展为数不多的组织活动应对上级管理部门的考核。这一部分科技社团的组织运行经费要么来源于会费的剩余，要么来自部分会员的无偿捐赠，政府部门或业务指导部门一般都不会再给予这一类组织资源扶持。科技社团自身没有对外的业务活动，导致其生存基本上陷入恶性循环的状态。

科技社团在资源依赖行为过程中，采取停止资源依赖行为是受到外部环境变化而采取的被迫性资源依赖行为选择方式，在科技社团的资源依赖行为中，虽然能够获得一定的资源扶持，但由于社团组织的整体抗风险能力较低，科技社团在没有任何的对外产品（科技类公共服务），对内的会员服务质量也相对较低（学术交流频率、质量、社会认可度较低）的情况下，组织无论是在学术上还是在社会中都缺乏相应的吸引力，这样一种组织行为模式导致了科技社团自身资源构建能力的弱化，科技社团缺乏与外部环境（组织）进行资源交易的成本，导致其自身基本生存资源缺失。在外部环境发生变化（政策改变）时，资源依赖行为将会把科技社团带入"名存实亡"的境地。

同时，在进行市场化转型的过程中，科技社团如果没有及时地面向社会需求进行组织转型，将导致其社会需求的进一步降低，部分科技社团期望通过自身质量不高的一些活动来换取政府的政策性经费扶持（套取政策经费）或者获得非竞争性利益收入。而另一部分组织则仍然依赖于政府部门的直接性资金供给或者组织会员的会费收取。当外部环境产生变化，市场竞争机制不断完善，政府部门将完全切断与科技社团之间的"脐带"，这一部分科技社团在无法面向社会需求提供服务产品时，加之其学术交流的质量不高，学术活动的社会认可度不强，会员无法从组织活动中获得相应的收益，则会选择退出科技社团，同时也将切断科技社团运行经费的基本来源，造成组织"消亡"。

外部环境的变化加上内部结构的变迁，将进一步影响科技社团在资源依赖行为策略发生后的行为选择，科技社团生存能力和生存资源的消失将带来科技社团的组织消亡，其资源依赖行为也只能选择停止依赖。

三、转变资源依赖类型

"转变资源依赖类型"是科技社团"服务"和"合谋"两种不同资源依赖行为过程中所采取的共同行为选择，同时也是其行为策略发生过程中所做出的主动性资源依赖行为选择。在依附行为中，科技社团在行为选择上将会更加倾向于维持依赖现状或停止资源依赖，而科技社团在"服务行为"和"合谋行为"过程中，由于自身拥有对外社会服务能力和资源，组织能动性较强，科技社团在这样的组织生存状态下开始与外部环境进行讨价还价，展开资源互换。同时，由于外部环境的变化，科技社团也必须依靠转变依赖类型来与外部环境进行资源互动，获取生存发展资源。在两种资源依赖行为中，科技社团将通过转变依赖类型来降低外部组织对科技社团的资源控制力度。

在转变依赖类型的行为选择中，科技社团已经拥有了独立生存的能力和资源，在基本生存资源上不需要依靠外部组织（政府）等部门的直接扶持，生存资源的获取来自自身公共服务的延伸，通过公共产品和服务与外部环境（政府、企业、社会公民）进行资源互换。组织在基本生存资源

（如人、财、物）的对外依赖程度将进一步降低。W 市生物医学工程学会秘书长说：

> 过去学会的运行主要是依赖于政府和业务指导单位对我们给予一定的资金、物资等方面的扶持，办公场所虽然是我们几个人（指秘书长、理事长）的办公室，但是也是属于他们的（指政府相关部门）。后来，由于政府对我们的资金支持取消，业务指导单位也不对我们给予资金帮助，也就是说只给政策，不给资金。我们只有自己去寻找办公场所和资金来维持组织生存，到现在，可以说我们学会已经完成了基本生存资源的依赖转型，从过去依赖政府和业务指导单位的提供转向了面向市场主动去获取资源，依赖对象从政府转向了市场。

在转变依赖类型的行为选择中，科技社团将从对政府及挂靠单位的依赖转向对社会公民、企业的依赖。从政府、企业以及社会公民的视角出发，在与科技社团进行资源互换时，不再是过去传统的单一性资源依赖关系，而是在社会网络中的和谐共生关系，彼此之间都掌握着对方所需要的资源。政府需要从科技社团中获得科技类的公共服务，希望通过科技社团来承担一些政府不能做、做不好的事务性工作。企业也希望有能力的科技社团为其展开自身所需求的科技类服务，提供相应的产品。社会公民同时也期望科技社团能够提供更多的专业化科技类社会服务。而科技社团在资源依赖行为的对外选择上，将更多地依赖于公信力、社会声誉以及社会价值等无形资本。在国外，科技社团在资源依赖行为过程中，已经从过去的基本生存资源依赖转向了社会资本依赖，如美国土木工程学会、美国电气和电子工程师协会（IEEE）、英国皇家学会等，这一部分科技社团已经在技术标准制定、科技奖励、科技人才评价等社会服务上走在了世界的前列，政府、企业以及社会公民需要这些科技社团来提供专业化的社会服务，科技社团已经从被动选择走向了社会必需。

四、寻找替代资源

"寻找替代资源"是科技社团"服务"和"合谋"两种不同资源依赖

行为过程中所采取的共同行为选择，同时也是"服务"和"合谋"两种不同资源依赖行为策略发生后产生的主动性资源依赖行为选择。寻找替代资源是科技社团在对外部环境（组织）的控制下做出的组织资源依赖行为回应。科技社团在资源依赖行为发生后，由于资源的稀缺性，科技社团将会陷入资源稀缺困境，在其生存发展过程中，需要运用自身优势去寻找替代资源来改变资源稀缺所带来的资源依赖行为困境。在科技社团资源依赖行为过程中，资源的可替代程度影响着科技社团资源依赖行为的发生与选择过程，科技社团将不断地选择可以替代的资源来降低组织自身的资源依赖程度。

在寻找替代资源进行依赖行为选择时，从资源获取路径上看，在资源获取路径较为狭窄，政府及挂靠单位对科技社团的资源停止供给，科技社团自身收入无法得到保障的情况下，将通过寻找替代资源等行为选择进行生存发展资源的获取，提升资源获取的连续性。但科技社团在合谋行为中的替代资源选择往往是独立于市场合法竞争之外做出的。当组织规模扩展到一定程度时，服务性收入已经无法满足这一部分科技社团的生存发展需求，科技社团将采取合谋行为与外部环境（组织）进行利益合谋，来提升组织资源获取效率。W 市医药卫生学会联合办公室负责人说：

> 我作为他们的（指 W 市 14 家医学类学会）具体活动组织者，非常了解学会的需求。他们如果在学术交流会议、年会等活动中不通过收取企业的赞助来"办会"（指学术交流、年会等）是肯定不行的，因为政府已经不会对他们给予资金扶持，会员所缴纳的一点会费完全无法维持组织活动的开展经费，不向企业收取赞助怎么办？没人愿意做！同时，我们不办"亏本"的会议。我们办的会议是在帮学会"创收"，都是能够帮助学会收入增加的。

寻找替代资源的发生是科技社团资源依赖行为的主动性选择结果。当外部环境发生变化，科技社团在资源依赖行为中通过替代资源的再次选择获得组织生存发展资源。随着经济社会的不断发展，国家政策也在相应地不断进行着调整，过去在国家扶持下科技社团的生存受到制度变迁的影响，自身的生存状况也在相应地发生着改变，迫使科技社团需要独立地面向市场寻找替代资源。

第三节　行为困境

一、独立性缺失

对于任何一个组织来说，资源依赖行为的发生会在一定程度和时间段上促进组织的发展，但"依附行为"发生的同时也带来了组织外部控制力的增强。现有研究发现，当前，"政社关系"在我国社会组织成长资源配置中扮演着重要角色（曹爱军和方晓彤，2019）。但政府对于社会组织呈现出不同的立场和态度，且政策执行出现复杂性（朱光喜，2019），地方政府在执行宏观政策时会根据基层治理逻辑来对社会组织政策进行取舍（黄晓春，2017）。一旦社会组织将更多的资源获取行为放在政治关联上，其资源依赖行为模式将会给组织成长带来负面效应，主要体现在影响组织绩效、组织创新性以及组织自主性等方面（余明桂和潘红波，2008）。在政府官员、人大代表以及政协委员的三重政治关联作用下，将会对组织绩效产生显著的负面影响（刘林，2018）。同时，组织将资源更多地用于构建政治关联，则会阻碍组织的创新活动，降低其研发投入，从而对组织创新绩效产生负面效应（张平 等，2014；罗明新 等，2013）。政治关联对自主创新所产生的阻碍作用，加剧了组织的粗放式发展，给组织成长带来了资源诅咒（袁建国 等，2015）。有学者通过比较研究，发现不具有政治关联的组织，其业绩要明显高于具有政治关联的组织，并结合大样本纵向分析和数据统计，认为组织经营效率会随着政治关联程度增强而降低（邓建平和曾勇，2009）。政治关联同时也会给组织带来路径依赖等现实问题，并阻碍其成长过程中自主性发挥和独立生存能力的提升（张建君，2012）。

综合来看，科技社团资源依赖行为过程的路径依赖，导致了科技社团资源依赖行为的困境，造成了科技社团独立性缺失。科技社团在依附行为中，将会在"组织发展"和"独立性"之间进行抉择。独立将会带来组织的消亡，依附将会带来独立性缺失，外部组织控制增强。从整体上来看，在市场经济环境下，组织的发展依赖于社会的选择。大部分具有政府背景的科技社团存在于市场经济社会中，其本身并没有任何的产品供给和服务社会，生存资源的获取高度依赖于政府部门的职能转移和直接性供给，科技社团在运行和组织生存的选择上完全受制于政府部门的职能"让渡"。

从政府的视角来看，这一类科技社团本身就是政府部门引导、倡导成立的，甚至有一些社团还是由政府部门改制而来，许多科技社团中都没有专职工作人员来维护组织的日常运行，都是由政府部门的工作人员兼职，政府对科技社团的人力资源具有很大的控制性。W市法医学会秘书长说道：

> 过去，我们学会理事长主要是请市公安局领导兼任，一般来说是局长或者分管刑侦工作的领导。工作人员也是由本单位（刑侦局）工作人员担任，我们不需要在外面单独请人……单位的人员完全能够胜任该项工作。

从科技社团的视角来看，会员加入这一类科技社团除了单纯地进行学术交流外，大部分会员参与科技社团都具有一定的目标导向性，试图通过加入科技社团获得相应的资源，丰富自身发展所需的外部条件。在我国，具有官方背景的组织，一般来说，权威性资源获取相对于草根科技社团来说具有一定的优势。但同时，该类科技社团也只能依赖于政府部门，通过承接政府职能或依附于官方组织来获取相应的成长资源。因此，采取依附行为来获取组织资源的科技社团，往往会走向路径依赖的困境，从而导致自身独立性的缺失。W市知识产权研究会秘书长说道：

> 我们学会主要通过承接知识产权局的相关职能来获得组织运行的资源，从而扩展学会的生存空间，提升学会的生存能力。他们（知识产权局）是我们的业务主管部门，只有将一些职能转移给我们来做，他们才放心。同时，我们也具有一定的专业化优势，我们能做的别的学会做不来。比如，在知识产权相关政策的把握和理解上，我们比其他学会更有优势。但在承接知识产权局职能的同时，

学会也要听他们的话……可以说，我们对外在一定程度上也代表着知识产权局，但是，在一些业务和活动的开展上，也接受着知识产权局的领导。

二、被"精英会员"操控

科技社团在"依附行为"中同样也存在着被精英会员操控的资源依赖困境，这一资源依赖困境伴随着科技社团"依附行为"的发生而产生。科技社团与其他社会组织不同，其会员的综合素质和综合能力较高，都是本行业内的专家、学者或者具有权力的精英群体。当这一部分群体进行集合时，权力和资本高低所带来的效应将影响着群体成员间以及行业类相同科技社团间的关系。通过对具有代表性的科技社团进行访谈得知，过去，科技社团在理事长和秘书长的选择上都将具有社会权力和社会声誉的精英群体作为理事长、秘书长的第一人选，特别是政府官员，科技社团往往通过吸纳政府官员来提升组织的生存发展能力，通过政府官员来获取相应的政策扶持和资源供给，科技社团则会通过劳动报酬等方式与政府官员之间进行资源互换。但随着国家关于《行业协会商会与行政机关脱钩总体方案》的实施，规定政府官员不能在科技社团中兼职，对于仍然在科技社团中兼职的政府官员将进行一次性清理整顿。过去由政府官员担任领导的科技社团如今领导层基本都处于空缺状态。

那些社会资本丰富、能力出众的组织成员或者能够为组织的生存提供必需资源的组织成员往往在组织中拥有更大的话语权和控制力。当前，绝大部分科技社团没有形成有效的内部治理机制，在针对 W 市科技社团的调查中，绝大部分科技社团没有设立监事会制度和内部监督机构，相当一部分科技社团的内部规章制度不完善，财务制度、议事制度、工作人员考核制度等内部治理机制没有形成成文的内部章程，即使有，也往往流于形式，只是用于应付上级部门的检查，实际的内部治理只停留在口号上，内部治理机制形同虚设。此外，在调研中也发现，由于历史、体制等原因，许多科技社团是由政府部门改制或高校行政领导、学术带头人组建而成，行政部门领导在科技社团中兼职担任领导层（理事长、秘书长等）比例较高，如表5－2、表5－3所示。甚至部分科技社团在换届选举中将行政职务高、拥有丰富社会资源的人员作为理事长、会长的选拔标准，科技社团对于上级部门、"红顶会长"的资源依赖程度过高，部分社团中人治大于法治，在内部治理中，科技社团的规章制度缺乏相应的约束力。

表5－2　被调查科技社团理事长专、兼职情况

专、兼职情况	专职	兼职	未填写	合计
数量/家	10	69	2	81
百分比/%	12.3	85.2	2.5	100

表5－3　被调查科技社团秘书长专、兼职情况

专、兼职情况	专职	兼职	未填写	合计
数量/家	16	47	18	81
百分比/%	19.8	58	22.2	100

从现实情况来看，科技社团在组织运行过程中，除了运行所需要的基本经费外，还需要有吸纳会员和凝聚会员的素质和能力。科技社团是否有能力将会员凝聚到一起进行学术交流取决于两个因素：第一，科技社团学术交流活动的水平和影响力；第二，学术交流活动所带来的溢出性效益，也就是说个人或者企业以会员身份参与到科技社团活动中，作为理性经济人，会衡量其付出的成本和所取得的收益，这种收益不完全是学术交流所带来的知识提升，更多地表现为其溢出性效益，即在学术交流等组织活动中能否获取人脉资源，参与学会能否为自身带来相应的好处等。在这样的背景下，从科技社团的角度出发，则必须通过"依附行为"对拥有社会声誉和社会权力的精英群体进行资源依赖，通过吸纳这一部分精英群体作为组织会员，来提升组织的社会影响力和行业知名度。但科技社团在依附于精英群体资源的同时，也会导致科技社团中规章制度和精英群体的个人意志产生冲突，当科技社团处于创业发展初期时，制度无法发挥其相应作用，科技社团往往会在精英群体所带来的生存资源面前妥协、退让，造成被精英会员操控的局面。

W市粘接学会秘书长说道：

> 我们学会在运行中，主要依赖理事长的个人人脉资源，通过他的号召力来凝聚组织会员，不然会员根本不会按时参加学会的年会以及学术交流会议，会员的会费也常常无法收齐，大家的积极性都不是很高。现在我在原单位不担任任何行政职务，虽然已经退居二线，但仍然还在指导学生。我同时也在学会里面兼职担任秘书长，但我已经不想再做了，也没有精力和兴致来组织学会活动，同时也没有能力来组织。因为我个人在学会中说不上话，既没钱也没权，人家（指会员）凭什么听你的！学会的运行都是他们（理事长、有钱或有资源的会员）来决定，我现在只是一个打工的。

三、"非对称性依赖"

"非对称性依赖"是科技社团在"服务行为"和"合谋行为"发生过程中所产生的共同资源依赖困境。

所谓非对称性依赖是指科技社团与外部环境的资源交换中，在没有外部因素的介入下，科技社团与政府、企业在社会网络中本应该属于一种和谐共生关系，但由于科技社团与政府、企业等外部组织各自掌握着对方所需要的资源，在其资源依赖程度上具有一定的差异性，因此，将会产生一种非对称的依赖关系。❶

根据资源依赖理论，科技社团与外部组织之间的资源依赖程度主要受三种因素的影响：第一，外部组织所拥有的某项特定资源对于科技社团的重要程度；第二，外部组织对特定资源进行分配和使用的程度（如职能转移）；第三，可替代资源的存在程度。因此，对于科技社团外部组织的资源依赖程度函数可以用以下公式进行表示：

科技社团对外部组织资源（Q资源）依赖程度 = K = （Q_1, Q_2, Q_3），其中，K代表科技社团，Q_1代表外部组织所拥有的某项特定资源对于科技

---

❶ 徐宇珊. 非对称性依赖：中国基金会与政府关系研究 [J]. 公共管理学报, 2008 (1).

社团的重要程度；Q_2 代表外部组织对特定资源进行分配和使用的程度；Q_3 代表可替代资源的存在程度。

外部组织对科技社团资源（K 资源）依赖程度 = Q = (K_1, K_2, K_3)，其中，Q 代表外部组织，K_1 代表科技社团所拥有的某项特定资源对于外部组织的重要程度；K_2 代表科技社团对特定资源进行分配和使用的程度；K_3 代表可替代资源的存在程度。

非对称性依赖困境在当前我国科技社团独立面向市场和社会所提供产品的过程中较为常见。同时，非对称性资源依赖也存在于创业期和发展初期的科技社团中。科技社团为了生存发展，必须与外部环境（政府或企业）进行资源互换，在服务行为过程中，政府或企业对于科技社团所提供的资源存在着多样化选择，而对于科技社团来说，由于部分资源具有不可替代性，因此在资源依赖索求上往往处于弱势地位，科技社团需要向政府索求合法性资源、资金等基础性资源，抑或通过自身服务向企业换取运行经费等。在科技社团生存能力弱小的情状下，无法与政府和企业展开竞争谈判，政府在向科技社团转移职能的同时，既可以在科技社团与其他社会组织之间进行选择，同时也可以在不同科技社团间进行选择。同样，对于企业来说也是如此，企业在寻找项目"代理者"时，也具有相当高的可选择权，可以在符合条件的科技社团之间进行不同选择。W 市生物医学工程学会秘书长说道：

> 虽然我们学会通过搭建科技成果转化平台来推动组织发展，但实际在操作过程中却有很多的阻碍。例如，在政策方面，处于一种"法无禁止即可为"的状态，政府对于学会参与科技成果转化的政策还不够完善，都是靠我们自己摸索，一旦政府叫停，我们又得寻找其他途径。在成果转化对象选择方面，由于企业是成果采纳方，对于会员的科技成果具有选择权，会员有时候还得看企业脸色行事，因为那是他们的衣食父母啊！还有一些会员嫌麻烦，有了成果也不愿意拿出来。学会在与政府和企业打交道的时候，基本上处于弱势地位，他们（政府、企业）掌握了我们太多的生存需求。

因此，科技社团与政府或企业等外部组织之间的资源换取过程中，导致了科技社团在合法性以及政策等方面具有强烈的索求性依赖，而政府或企业对于科技社团的公共产品或服务仅具有可选择性依赖。

科技社团与外部组织间非对称性资源依赖函数：

$$K(Q\ 资源) = K(Q_1, Q_2, Q_3) > Q(K\ 资源) = Q(K_1, K_2, K_3)$$

四、公信力缺失

"公信力缺失"是科技社团"合谋"行为发生后所产生的资源依赖困境。公信力是科技社团在组织发展过程中所需要的重要社会资本之一，根据社会资本理论的观点，在一个社会结构条件下，经济、文化以及社会三种资源之间可以进行有效转化，三种资源之间具有相互联系，但最终都将回归到经济资本上。公信力作为社会资源而存在于社会网络之中，将影响着科技社团经济资源的可持续性获取。林南（2005）认为，一个组织的发展不仅需要经济资源，同时也需要社会资源。社会资源往往存在于社会网络之中，社会资源来自社会结构中的人际关系，例如社会声誉、社会公信力等。而组织发展到一定的时期时，社会资源对于组织的影响往往要大于经济资源所带来的影响。

"合谋行为"的发生是市场竞争机制尚未完善以及政府治理监管缺位的共同结果，科技社团在合谋行为中，通过对权威性资源的获取并利用权威性资源与合谋对象进行利益互换。而被赋予权威性的科技社团，在组织行为中不那么关注对会员和社会的服务性功能，更加关注于组织中部分群体的利益获取，科技社团的社会组织非营利性属性发生转变。科技社团通过政治权威向外部环境获取资源的合谋行为将进一步导致科技社团社会公信力的缺失。同时，对于科技社团的普通会员来说，会员在科技社团的合谋行为中，由于与科技社团之间处于一种利益交换关系，在科技社团公益性和志愿性缺失的作用下，对于科技社团的社会认可度将进一步降低。

五、被"合谋对象"操控

从当前科技社团"合谋行为"来看，科技社团在合谋行为过程中，很容易陷入"资源依赖陷阱"。由于科技社团的"合谋行为"在短期内可以帮助组织获得生存资源，提升社团的资源获取效率。但随着科技社团的不断发展，在合谋行为中所产生的"灰色利益"将反作用于科技社团的组织资源获取。科技社团在资源依赖行为中如果没有及时地面向社会需求进行转型和开展服务，当外部环境发生变化时，合谋行为所带来的"资源依赖陷阱"将会造成科技社团的资源依赖困境。"合谋行为"导致的科技社团资源依赖惰性，将会给其带来独立生存能力的弱化和缺失，甚至被合谋对象操控。

科技社团受到组织发展和资源依赖行为变迁的影响，在合谋行为发生后，随着科技社团的规模不断壮大，在合谋行为中获取的经济利益已经成为科技社团组织资源的核心来源，并将导致其资源依赖行为惰性的产生，不会再通过服务去获取资源，而是更加关注于权力的获取。但随着经济社会的不断发展和变迁，科技社团生存发展的外部环境也在相应地发生着变化，外部环境变化所带来的冲击影响着科技社团的资源获取行为，当社会服务认可度降低，组织外部权威性资源来源进行改变或停止时，组织将会面临生存困境，进而被利益群体所控制，科技社团如果不及时停止合谋行为，从合谋转向服务型资源获取策略，将会面临被合谋对象操控的局面。

第四节　行为过程模型

一、行为发生矩阵

在本节中，通过对前述章节的分析和整合，试图构建一个科技社团资源依赖行为的过程模型，通过模型的构建呈现出科技社团在不同资源依赖行为过程中的行为发生、策略、选择、困境以及结果。通过前述章节的研究，对科技社团不同资源依赖行为的发生进行重新整合分析，认为，科技社团不同资源依赖行为的发生会受到组织自身对外服务以及资源扶持的双重影响。

组织自身对外服务指科技社团独立面向市场和社会所开展的科技类社会服务，资源扶持是指政府及挂靠单位对其生存资源，如资金、人才、办公场所、职能转移等方面的直接性扶持，且这些资源并不是通过市场服务和市场竞争获得的。

因此，设科技社团对外服务为 X，资源扶持为 Y，依附行为为 b_1，服务行为为 b_2，合谋行为为 b_3，有对外服务为 X_1，有资源扶持为 Y_1，无对外服务为 X_2，无资源扶持为 Y_2。

通过科技社团资源依赖行为发生矩阵可以看出，科技社团在不同的状态下将会发生不同的资源依赖行为：

矩阵 1：$X_1 + Y_1 = 0$。在科技社团资源依赖行为发生矩阵 1 中，如果科技社团拥有独立面向市场和社会的服务，政府将会停止对其的直接性资源供给。因此，在该矩阵下资源依赖行为并不成立。

矩阵 2：$X_1 + Y_2 = b_2 ; b_3$。在科技社团资源依赖行为发生矩阵 2 中，科技社团要么选择服务行为进行资源依赖，要么选择合谋行为进行资源依赖，两种资源依赖行为共同存在于该矩阵中。

矩阵 3：$X_2 + Y_1 = b_1$。在科技社团资源依赖行为发生矩阵 3 中，拥有资源扶持但没有对外服务的科技社团将选择依附行为来进行资源依赖。

矩阵 4：$X_2 + Y_2 = 0$。在科技社团资源依赖行为发生矩阵 3 中，将不会产生资源依赖行为，组织将走向消亡。科技社团资源依赖行为发生矩阵如表 5 - 4 所示。

表 5 - 4　科技社团资源依赖行为发生矩阵

对外服务 (X)	资源扶持 (Y)	
	有 (Y₁)	无 (Y₂)
有 (X₁)	0	服务行为 (b₂) 合谋行为 (b₃)
无 (X₂)	依附行为 (b₁)	0

二、行为过程模型构建

(一)"依附"行为过程

通过研究发现，科技社团在资源依赖行为过程中，在自身没有对外公共服务的情况下，通过外部资源的持续供给进行资源依赖行为转化，资源依赖行为模式与前述章节的直接性资源索取模式相同，科技社团将采取"依附行为"进行组织资源依赖。在科技社团的依附行为过程的分析中，发现在外部环境不产生变化的情况下，依附行为的产生将使科技社团做出维持资源依赖现状的行为选择，从而获得组织生存资源，但同时依附行为也会将科技社团带入独立性缺失和被精英会员操控的困境。科技社团的依附行为过程模型如图5－2所示。

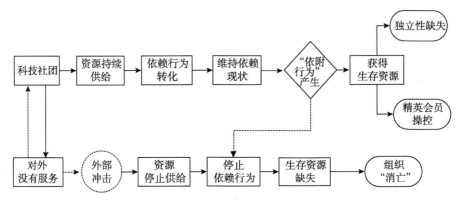

图 5－2　科技社团资源依赖行为中的"依附"行为过程模型

(二)"服务"行为过程

科技社团在资源依赖行为发生矩阵2中，将会进行资源依赖行为转化，从传统的资源依赖行为向"服务"行为转型，通过服务与外部环境之间进行资源互换，这同时也是第三章中所提到的间接性资源依赖互换模式。但通过分析发现，科技社团在服务行为选择中，在外部资源停止供给的情况下，通过市场竞争和社会需求进行资源获取时，在其依赖行为中往往会陷入"非对称性资源依赖"困境。如图5－3所示。

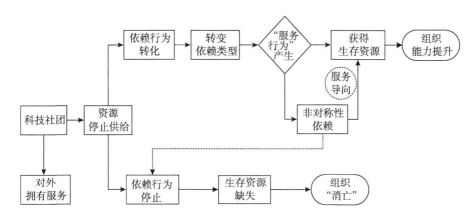

图5-3　科技社团资源依赖行为中的"服务"行为过程模型

（三）"合谋"行为过程

同样，科技社团在资源依赖行为发生矩阵2中，在外部资源停止供给的状态下，通过依赖行为转化，在面对市场和社会进行资源依赖行为的同时，也将造成其合谋行为的发生。科技社团在资源依赖行为过程中，"合谋行为"将会给科技社团带入资源依赖陷阱，造成科技社团社会公信力的缺失以及被合谋对象操控。如图5-4所示。

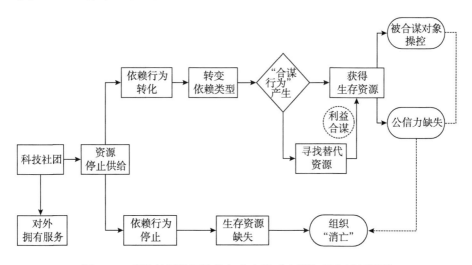

图5-4　科技社团资源依赖行为中的"合谋"行为过程模型

三、行为过程模型修正

通过对科技社团不同资源依赖行为过程的分析发现，在服务和合谋行为过程中，转变依赖类型和寻找替代资源都是其组织资源依赖行为过程中所做出的主动性选择。而在外部资源停止供给的情况下，非对称性资源依赖困境在两种资源依赖行为过程中都将遇到，可以说非对称性资源依赖是科技社团在资源依赖行为转型和选择过程中的一个重要节点，只是科技社团所选择的资源依赖行为对象和行为观念不同，一些科技社团会选择以服务为导向，通过服务向外部环境获取资源，而另一部分科技社团在行为矩阵2中，将选择合谋行为进行资源"俘获"。因此，我们再次对科技社团"服务行为"和"合谋行为"过程模型进行修正。如图5-5所示。

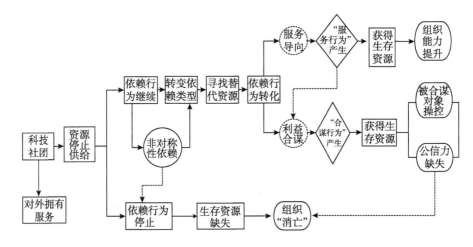

图5-5 科技社团资源依赖行为过程模型修正

通过对科技社团资源依赖行为过程模型修正发现，在科技社团资源依赖行为过程模型中，有几个关键性的节点。

第一，非对称性依赖。科技社团在市场化竞争环境中，将会受到政府、企业以及社会公民的资源制约以及被动性选择。此外，科技社团在社会服务过程中，也有可能受到非对称性资源依赖的影响，导致其资源依赖行为停止。

第二，资源依赖行为转化。科技社团的资源依赖行为转化也是科技社团资源依赖行为过程的关键节点，科技社团在市场化环境中将会做出两种选择，一是以服务为导向，这一行为选择将会产生资源依赖行为中的"服务行为"；二是以利益合谋为导向，这将产生科技社团资源依赖行为中的"合谋行为"。

第三，"服务行为"产生。通过调研发现，科技社团在服务行为产生中，由于非对称性资源依赖的出现，导致了科技社团资源获取效率过低，科技社团在服务行为中将有可能向合谋行为转化，科技社团是否能够在非对称性依赖背景下通过市场竞争获得组织发展是我们当前需要关注的重点。

第四，被合谋对象操控以及社会公信力的缺失。这一行为过程导致的行为结果将把科技社团推向组织"消亡"，在本章第三节中对这一现象已经展开了详细的阐述，在此不再过多讨论。

四、"ASC"科技社团资源依赖行为过程模型

通过对前述章节的研究总结，文章基于科技社团的依附（Adhere）、服务（Service）以及合谋（Conspire）三种资源依赖行为，提出了科技社团的"ASC"资源依赖行为过程模型。该模型从科技社团的外部环境和内部因素出发，对科技社团资源依赖行为发生、行为选择到行为结果进行了脉络梳理，阐述了科技社团资源依赖行为过程的机理。在资源依赖行为模型构建中，通过调研对象和案例分析，结合相关理论对科技社团的资源依赖行为过程进行完整的阐述和模型建构。在科技社团资源依赖行为模型构建中，加入了外部环境等因素，试图阐述科技社团的资源依赖行为在外部环境变化的影响下将会呈现一个怎样的发展态势。如图5-6所示。

通过科技社团"ASC"资源依赖行为过程模型构建和分析，有以下几个方面的结论和启示：

第一，"依附行为"无法向"服务行为"和"合谋行为"转化。在科技社团资源持续供给和没有对外服务的情况下，如果外部环境不发生改变，科技社团的资源依赖行为将继续发生。在这样一种资源依赖模式下，科技社团将会采取"依附行为"进行资源依赖，在其演化路径中，科技社

团无法向"服务行为"和"合谋行为"转化，无法采用"服务行为"和"合谋行为"进行资源依赖。

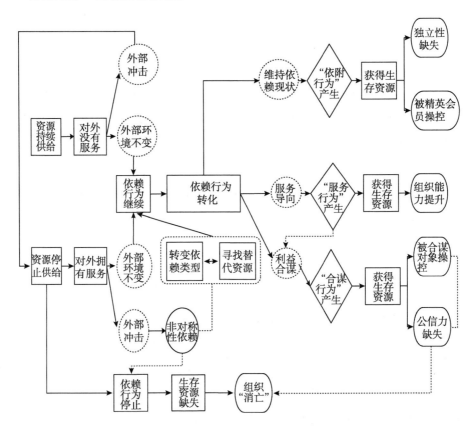

图5-6 科技社团"ASC"资源依赖行为过程模型

第二，"依附行为"的科技社团组织抗风险能力最低。在该过程的演化路径中，如果外部环境发生变化，将会对科技社团的资源依赖行为现状产生冲击，导致科技社团的外部资源停止供给。由于科技社团在该行为下没有对外的公共服务，多重因素的共同影响将导致科技社团资源依赖行为停止，生存资源缺失，将最终导致科技社团的组织"消亡"。因此，在该模式下，科技社团的组织抗风险能力最低。该过程模型同时也符合前述章节中提出的观点。

第三，采取"服务行为"和"合谋行为"进行资源依赖行为的科技社团组织抗风险能力较强。通过模型发现，科技社团无论外部环境是否产生变化，都会继续采取寻找替代资源、转变依赖类型来继续资源依赖行为，从而维持组织自身的发展。同时，"服务行为"和"合谋行为"无法向"依附行为"转化。在该模式下，科技社团的资源依赖行为要么转向"服务行为"，要么转向"合谋行为"，无法在"依附行为"中进行资源依赖行为转移。

第四，资源依赖理论在科技社团资源依赖行为过程模型中得到验证。在科技社团资源停止供给，自身拥有服务的资源依赖行为过程路径中，采取"服务行为"和"合谋行为"的科技社团，在外部环境变化和自身资源缺失的状况下，都会采取转变依赖类型来寻找替代资源，科技社团将通过行为转化继续向市场和社会获取生存资源。而采取依附行为的科技社团在该模型中的行为选择与中国科技社团的培育理念和发展模式有很大的关系。

第五，采取"依附行为"进行资源获取的科技社团组织生存活力最低。对于科技社团来说，维持依赖现状或许是科技社团在"依附行为"中获取资源的最佳方式，也是科技社团在没有面向市场转型的最优资源依赖策略选择。在依附行为下，科技社团既排除了市场组织对其产生的组织控制，同时也能够获得生存资源。在这样一种行为选择策略下，或许能够解释一些具有官方背景的科技社团为什么不向市场进行转型，这与国家大力推行政府职能转移的背景下，政府试图通过向其转移职能来使自身的权威性得到继续合法性延伸相关。但是，"依附行为"所带来的组织独立性缺失和被精英会员操控的风险，同时也影响着组织的生存活力。可以说，采取依附行为进行资源获取的科技社团组织生存活力最低，这一观点在我们的调研中也得到了验证，但生存活力在政府试图控制的科技社团中或许显得没那么重要。

第六，"服务行为"和"合谋行为"同样是政府在将科技社团推向市场的资源依赖行为选择方式，但组织发展规模以及资源依赖行为理念的不同，给科技社团带来了不同的资源依赖行为选择结果。通过科技社团的资源依赖行为过程模型发现，这两种资源依赖行为方式将随着外部环境的变化而产生变化。因此，在这两种资源依赖行为的转化上，如何将科技社团的"公益性"和"利益追逐"进行平衡，或许是当前我国科技社团监管部门需要关注的重点问题。

综上所述，本章通过实地调研和问卷访谈等方法对科技社团资源依赖行为策略、资源依赖行为选择、科技社团资源依赖行为困境等方面进行了深入的研究和分析，并构建了科技社团"ASC"资源依赖行为过程模型。在第一节，重点对科技社团在三种资源依赖行为方式下进行的资源依赖行为策略进行了深入的分析，发现科技社团在"依附"、"服务"以及"合谋"三种不同的资源依赖行为过程中采取不同的资源获取策略；在第二节，对科技社团资源依赖行为过程的选择进行研究发现，维持资源依赖现状是科技社团"依附"资源依赖行为的唯一选择，转变资源依赖类型以及寻找替代资源是科技社团"服务"和"合谋"两种不同资源依赖行为采取的共同行为选择，停止资源依赖行为在三种资源依赖行为过程中，受到外部环境的影响将同时发生于三种资源依赖行为之中；在第三节，对科技社团资源依赖行为过程所产生的困境进行了分析，认为科技社团所产生的不同资源依赖行为将会给科技社团带来自身独立性缺失、被精英会员操控、生存能力弱化、公信力缺失、被合谋对象操控以及与外部环境（组织）产生非对称性依赖等困境；在第四节，通过行为发生矩阵分析和过程模型修正，对科技社团的资源依赖行为过程进行了模型构建，提出了"ASC"科技社团资源依赖行为的过程模型。

第六章　科技社团资源依赖行为评价

科技社团采取的不同资源依赖行为在资源获取效率方面存在着一定的差异。当前需要建立一套科技社团资源依赖行为的效率评价体系，并运用该体系，对科技社团资源依赖行为进行客观评价和实证研究。通过数据统计进行科学测量，研究科技社团采取的不同资源依赖行为对其自身的影响有多大，什么样的资源依赖行为效率最高，什么样的资源依赖行为会阻碍科技社团的生存发展，并对行为过程模型中科技社团产生的资源依赖困境进行验证。本章在科技社团资源依赖行为过程研究基础之上，运用层次分析法、模糊综合评价等方法，通过构建科技社团资源依赖行为评价的相关指标体系，对采取"依附行为""服务行为"和"合谋行为"的科技社团进行资源获取效率综合分析，并结合实证评价结果对科技社团的资源依赖行为进行研究和讨论。

第一节　评价原则及方法

一、评价原则

（一）全面性原则

科技社团与其他社会组织不同，在其资源依赖行为研究中，要对科技社团资源依赖行为进行评价，主要采取的手段是通过其行为获取资源的效率来对科技社团当前存在的三种资源依赖行为进行分析。科技社团的行为方式不同，所运用的资源获取手段也不同，面对资源的期望度也不同。因此，需要对其进行科学的评价指标构建，在评价原则上必须具有全面性，在评价指标的选择上应对科技社团不同资源依赖所获取的资源进行综合分类整合，将科技社团资源依赖行为获取的资源作为其行为评价的一级指标进行指标选取，保证评价指标能够全面覆盖科技社团生存发展中所需要的各项资源。同时，在指标选取中也并非完全的面面俱到，既要对其重要性指标进行全面覆盖，同时也应对一些特殊性指标予以剔除。

（二）针对性原则

在科技社团资源依赖行为评价中，评价体系的构建必须具有一定的针对性，因为每一个科技社团的生存现状和资源获取能力都不尽相同。因此，在其评价体系的建立中，对于科技社团资源依赖行为评价的指标构建需要符合其宏观背景，且需要把握针对性原则，并进行针对性设计，根据不同的资源依赖行为评价指标的重要程度进行科学分析。

（三）可比性原则

在科技社团资源依赖行为评价过程中，需要把握指标设计的可比性，通过指标之间的可比性进行评价指标选取。从纵向上来看，指标的可比性影响着同一科技社团在资源依赖行为中的资源获取效率差距。同时从横向上看，也影响着不同科技社团所采取的资源依赖行为在资源获取效率上的区别，只有指标之间具有可比性，才能够进行科技社团资源依赖行为的横向及纵向比较，其研究结论才具有科学性和可行性。

（四）层次性原则

对科技社团资源依赖行为效率的评价，不仅包含社会、政治以及经济的各个方面的资源因素影响，同时对于科技社团自身来说，不同的行为所关注的资源也不同。因此，在评价原则上，需要透过其"面相"来探析科技社团资源依赖行为的本质，从政策、资金、人才、公信力以及合法性等各个方面对科技社团资源依赖行为效率评价进行一级指标选取，通过这些指标的选取来解释科技社团在面对不同对象时的资源依赖行为方式和资源获取结果。

（五）可操作性原则

对于科技社团资源依赖行为的评价要符合可操作性原则。无论是在评价方法的选择上，还是在评价指标的选取上，这些因素共同影响着科技社团资源依赖行为评价体系的构建、评价过程的可操作性以及评价结果的合理性。在科技社团资源依赖行为效率评价的指标选取中，需要对其指标是否可进行量化给予重点关注，并对测量工具和数据来源的效度和信度进行检验，指标的选择必须能够进行方法的运算和分析。

二、评价方法

为了对科技社团的资源依赖行为进行科学的效率评价，在评价方法的选择上将层次分析法和模糊综合评价法相结合，对科技社团不同的资源依赖行为进行多层次模糊综合评价。通过建立科技社团资源依赖行为的评价指标体系对上述章节中提出的三种资源依赖行为进行分类评价，试图通过评价结果来分析科技社团不同资源依赖行为的资源获取效率。

（一）层次分析法（AHP）

20世纪70年代中期，美国运筹学家塞蒂（Saaty）在为美国国防部研究的课题中首次提出了一种科学的分析方法，即通过层次权重的构建和计算来进行决策分析，层次分析法（The analytic hierarchy process，AHP）由此而来。在科学研究中，很多问题无法完全进行量化分析，特别是在社会科学领域，对于某一对象的科学判断，常常无法用定量的方法进行解释，因此为了对科技社团的资源依赖行为进行系统化的分析，则需要通过层次分析法进行合理有效的判断。

层次分析法主要适用于那些较为复杂和难以完全定量的研究方法。层次分析法不仅可以对科技社团的资源依赖行为中所碰到的复杂问题进行科学的决策，还可以在其行为效率评价的内在关系上进行科学深入的研究分析，并利用定性与定量相结合，使其研究分析更加科学化，从而为科技社团资源依赖行为产生的多维度目标和多结构性特征的复杂性问题进行直观化处理。通过此方法，可以对科技社团资源依赖行为的资源获取效率进行分析，结合针对科技社团资源依赖行为的指标构建，计算出科技社团资源依赖行为评价的各个指标权重，弥补在上述章节中对科技社团资源依赖行为的定性分析和预测，通过评价结果验证在调研中所发现的问题。

运用层次分析法（AHP）对科技社团资源依赖行为效率进行评价时，需要遵循层次分析法的分析步骤。

第一，运用层次分析法对科技社团的资源依赖行为进行客观评价，首先需要通过目标层、准则层和方案层的划分，来对科技社团资源依赖行为效率进行评价框架构建。

通过对科技社团资源依赖行为评价层次的划分，我们发现，首先将科技社团的资源依赖行为评价作为层次分析的目标层，即需要对研究所要分析的目标进行对象选取和认定，分析通过该研究需要做出的决策和目标。一般来说，目标层都具有单一性质，因此，在科技社团资源依赖行为评价中将其资源依赖行为的获取效率作为评价的单一元素。同时，在准则层中，寻找影响科技社团不同资源依赖行为的目标实现准则，并结合与上级层级之间的关系进行指标选取。最后，在方案层中，即通过评价方案来进行科技社团不同资源依赖行为的评价，通过措施和指标元素的选取来分析研究中的目标和对象。

第二，对科技社团资源依赖行为评价指标间的比较。在对科技社团资源依赖行为评价进行层次划分后，需要对其资源依赖行为的评价指标进行比较，来确定资源依赖行为评价指标之间的两两比较标准。通过矩阵的构建，来进行两两之间的重要性对比。最后，通过矩阵构建和指标之间的对比结果对评价方案中的指标进行打分，在打分过程中需要运用加权平均方法，结合科技社团资源依赖行为评价指标的比较结果对资源依赖行为评价指标进行相对权数计算。

第三，对科技社团资源依赖行为评价指标进行一致性检验。该步骤是进行科技社团资源依赖行为评价的重要步骤，因为在指标的成对比较中，影响科技社团资源获取效率的指标过多，指标比较在研究中无法完全一致。因此，为了解决指标一致性问题，在分析方法中，需要运用一致性检验的方法来测量指标成对比较的一致性，如果未通过一致性检验，则需要在研究中对其进行重新选取或者修改，如果指标一致性检验通过，则可以进行下一步的运行计算。

第四，科技社团资源依赖行为评价指标的最终权重确定。在该分析过程中，通过对处于同一层次的所有指标进行计算，分析其对上一层次的相对重要性，并对其进行权重赋予。

（二）模糊综合评价

为了使科技社团资源依赖行为评价研究更具有科学性和可行性，在通过层次分析法对科技社团的资源依赖行为评价体系进行构建和权重计算之后，需要结合模糊综合评价法对科技社团的资源依赖行为进行综合分析。

模糊综合评价法与一般常规的评价方法不同，该方法对科技社团资源依赖行为的评判结果是一个模糊向量，而非一个点值。在运用模糊综合评价法对科技社团进行资源依赖行为评价时可以用各个等级之间的隶属度对其进行研究，通过被评价对象即资源依赖行为在某一方面属性的模糊状况，对其进行客观的分析描述。

在运用模糊综合评价对科技社团的资源依赖行为进行评价时，第一，需要确定因素集，即：

$$U = \{U_1, U_2, \cdots, U_n\}$$

在这里，$U_i(i = 1, 2, \cdots, n)$ 表示对科技社团资源依赖行为有影响的第 i 个因素。科技社团资源依赖行为影响的因素集确定的直接性目的是为了建立一个符合其分析现状的指标体系，确定科技社团资源依赖行为中各级的影响因素和目标，在分析中，可以认为下一级的影响因素同时也是上一级的目标。

第二，对科技社团资源依赖行为效率影响因素的权重确定。权重的确定对于任何评价方法来说，都是其实施评价过程的核心前提，在对科技社团的资源依赖行为效率评价进行的模糊综合评价中，需要确定评价其行为效率的每一个因素在集合中的重要程度，并通过因素的权重进行量化，该步骤的科学性和合理性是影响其评价结果的关键性因素，权重的选取和量化直接对科技社团资源依赖行为的评价结果造成影响，同时也是评价结果准确与否的关键。

在对科技社团资源依赖行为效率影响因素的权重确定过程中，我们主要采取德尔菲法（Delphi Method），即通过专家打分来进行影响因素的权重确定，对该领域内的专家进行咨询，并让专家在相互之间没有影响的情况下，对科技社团资源依赖行为效率的影响因素进行重要性打分。通过重要性打分赋予每一影响因素的相应权重，最终确定科技社团资源依赖行为效率影响因素中各个指标权数 W。

第三，构建科技社团资源依赖行为效率评价的模糊评价集和测量标度向量。首先确定科技社团资源依赖行为效率评价的模糊评价集，如下所示。

$$V = \{V_1, V_2, \cdots, V_n\}$$

在该模糊评价集中：$V_j(j = 1, 2, \cdots, n)$ 表示效率评价的第 j 个等级。

同时，设：

$H = \{h_1, h_2, \cdots, h_n\}$ 为科技社团资源依赖行为效率评价的分数集。

$h_i(i = 1, 2, \cdots, n)$ 表示效率评价的第 j 个等级的分数。

第四，确定科技社团资源依赖行为效率影响因素间的隶属关系，并求模糊评价矩阵。

在确定科技社团资源依赖行为效率模糊评价模型之前，首先通过构建其行为效率的模糊评价矩阵 $\boldsymbol{R}$：

$$\boldsymbol{R} = \begin{pmatrix} r_{11} & \cdots & r_{1n} \\ \vdots & \ddots & \vdots \\ r_{m1} & \cdots & r_{mn} \end{pmatrix}$$

其中，$r_{ij}(i = 1, 2, \cdots, m; j = 1, 2, \cdots, n)$ 表示对于第 i 个指标做出第 j 种评语的可能程度。

第五，对科技社团资源依赖行为效率进行模糊综合评判。在这一步骤中，主要是对科技社团资源依赖行为效率评价中各级模糊子集的隶属程度进行判断。从行为评价上看，这一结果一般来说是一个模糊矢量，可以为科技社团资源依赖行为效率综合评价提供更为丰富的信息。在模糊综合评价矢量处理中，较为常用的方法是运用最大隶属原则，如果模糊综合评价结果矢量中：

$$\exists b_r = \max_{1 \leqslant j \leqslant n} \{b_j\}$$

运用适当的算子将向量 A 与模糊关系矩阵 R 进行运算，结果为科技社团资源依赖行为效率评价中各测评指标的模糊综合评价结果 B。模糊综合评价模型如下所示：

$$B = A \times R = (a_1, a_2, \cdots, a_m)\begin{pmatrix} r_{11} & \cdots & r_{1n} \\ \vdots & \ddots & \vdots \\ r_{m1} & \cdots & r_{mn} \end{pmatrix} = (b_1, b_2, \cdots, b_n)$$

在该模型中，b_j 表示各项测评指标对评价等级模糊子集 v_j 的隶属程度。且 $b_1 + b_2 + b_3 + \cdots + b_m = 1$。

如果 $b_1 + b_2 + b_3 + \cdots + b_m \neq 1$ 时，则需要对结果进行归一化处理。

最后，综合上述步骤，求出科技社团资源依赖行为效率的评价分数。将科技社团资源依赖效率评价中的每一档次分别赋值：

$$100, 80, 60, 40, 20$$

计算科技社团资源依赖行为评价中各项指标得分并进行综合打分评价。

第二节 评价指标体系构建

一、评价指标选取

对于社会组织的绩效评价，国内外已有许多学者进行了研究，同时针对科技社团的绩效评价，国内外也有许多专家学者提出了自己的观点。赵立新（2011）提出科技社团绩效评价的四维框架模型。他认为，对于科技社团的绩效评价要从其自身、管理部门、会员以及社会来进行评价，并根据评价的主体构建科技社团绩效评价的四维框架模型。杨红梅和吕乃基（2013）构建了科技社团的核心竞争力评价模型，从科技社团的核心价值、核心能力以及核心资源方面进行了科技社团核心竞争力的评价指标构建。几位学者所构建的科技社团评价指标体系对于科技社团的理论研究具有非常重要的意义。但是，从科技社团的资源依赖行为上看，针对科技社团资源依赖行为来进行评价还是一个新课题，无论是学术界还是相关管理部门还没有一套完整的行为评价体系，因此，我们针对科技社团的资源依赖行为进行评价，从客观上来说具有一定的理论价值和现实意义，但由于研究对象和调研存在的局限性，本书在此只能进行尝试性的探索。

对于科技社团资源依赖行为指标的选择，首先要明确其行为评价的目标和对象。通过调研和专家咨询，在本书中，我们认为，对于科技社团资源依赖行为进行评价，需要从科技社团的资源获取效率出发，从其资源获取的效率来对其进行行为评价。同时，在实地调研和理论梳理中我们发现，科技社团的主要资源依赖行为可以分为三类，即：依附行为、服务行为以及合谋行为。针对三种行为的分类在前述章节的研究中已经进行了深入的阐述，在此不再进行赘述。

因此，在科技社团资源依赖行为评价中，我们主要针对依附行为、服务行为以及合谋行为的资源获取效率进行分析，对科技社团在资源依赖中所采取的不同行为进行效率评价和科学研究。

在科技社团资源依赖行为评价的指标选取上，主要通过前述章节对于科技社团生存发展中所需要的资源进行分类整合，将评价指标分为：政策资源、资金资源、人力资源、公信力资源以及合法性资源五类，分别分析三种不同的资源依赖行为在这五类资源获取中的效率，对其进行科学合理的行为评价。

二、评价指标解释

现有研究认为，社会组织在成长中需要获得合法性、资金、人员、政府许可以及社会认同等方面的核心资源。在针对科技社团资源获取模式的评价指标选取上，研究结合文献分析、实地调研访谈以及专家咨询等方法，发现政策、资金、人力、公信力以及合法性资源是科技社团在成长中需要的主要资源类型。为了对"依附""服务"以及"合谋"三种资源获取模式在这五类资源获取中的绩效展开科学评价，研究运用 AHP 法，从不同维度设立了 5 个一级指标，并将其细分为 11 个二级和 29 个三级指标。各指标的具体解释如下。

（一）政策资源

在我国，政策资源作为影响科技社团成长的核心要素，且其获取路径具有一定的不可替代性，一般存在于相关权威部门之中。通过调研发现，科技社团对于促进组织发展的支持型政策和保障型政策具有较高的获取意愿。支持型政策主要分为：第一，物资扶持，即相关部门对组织形成的基础性成长资源直接扶持政策；第二，政府职能转移支持，即政府对社会组织所给予的职能转移倾斜政策；第三，购买服务政策，主要指科技社团在获得科技类公共服务购买中的政策扶持。而保障型政策的三级指标主要从科技社团所取得的业务范围认定和税收优惠保障的政策中进行选取。

（二）资金资源

将科技社团的资金资源分为运行经费和活动经费，科技社团在生存发展中资金资源是其组织的核心支柱，在运行经费中，主要是指维持一个组织正常运转的基本经费：第一，人员工资，主要指用于支付科技社团工作人员的工资；第二，行政经费，如办公用纸等费用；第三，办公场所购买、租赁费用。而活动经费主要分为：第一，举办学术会议以及年会的费用；第二，公益性服务费用，如科学普及等社会公益性服务经费；第三，其他社会活动经费，如部分科技社团所开展的科技评价、科技咨询等活动支出。

（三）人力资源

组织可持续成长的核心来源于丰富的人力资源支撑。科技社团的人力资源主要来源于内部工作人员、会员以及部分精英群体（如顾问等）。在研究设计中，结合科技社团自身特征，将专、兼职工作人员以及志愿者纳入内部工作人员的三级评价指标；将政府、企业、高校、科研院所的在职或离退休官员以及不具有行政级别的社会知名人士作为精英群体的三级评价指标。普通会员则从个人会员和企业会员中进行指标选取。

在此，需要对精英群体的评价指标选取进行特别解释，在大力推进行业协会、商会与行政机关脱钩的大背景下，虽然按照文件规定，公职人员不得在社会组织中兼任职务。但在调研中发现，部分组织仍然存在相关现象，或是通过"顾问"等方式聘请一些具有行政级别的人为其组织"站台"。为了更好地研究精英群体对科技社团资源获取的影响，识别其在不同资源获取模式中对组织成长所带来的差异化效应，在本书中，仍然将这一评价指标考虑在内。

（四）合法性资源

现有研究认为，在我国科技社团成长中，合法性资源具有不可替代性特征，合法性资源赋予主体主要来源于政府相关管理部门。身份认可与活动认可共同构成了科技社团的合法性要素。基于此，研究将获得登记许可和年检通过作为身份合法性的评价指标；活动合法性则主要从组织开展活动的许可次数以及活动所取得的备案次数进行指标解释。

（五）公信力资源

公信力是组织成长的重要社会资本。而媒体、社会公民等社会主体对科技社团的认可度与满意度是影响其组织成长的外部因素，同时也是科技社团可持续发展的核心资源。基于此，研究从社会主体认可度、信任度以及满意度三个方面来进行公信力资源的评价指标选取与测量。

三、评价的指标体系

针对科技社团资源获取模式的评价指标选取及其解释，运用 AHP 法，构建其评价体系的层次结构模型。如图 6 - 1 所示。

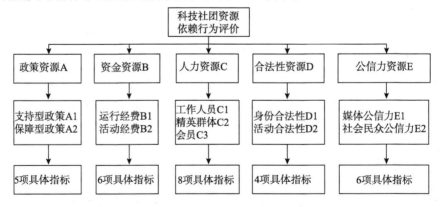

图 6 - 1 科技社团资源依赖行为指标体系的层次结构模型

科技社团资源依赖行为评价具体指标如表6－1所示。

表6－1　科技社团资源依赖行为评价指标

一级指标	二级指标	三级指标	指标说明
政策资源	支持型政策	物资资源支持政策	获得物资资源支持政策
		职能转移政策	获得职能转移政策
		购买服务政策	获得购买服务政策
	保障型政策	业务范围保障政策	获得业务范围认定政策
		税收保障政策	获得税收优惠政策
资金资源	运行经费	人员工资	用以支付组织中工作人员工资
		行政经费	用以支付组织运行的行政经费
		办公场所购买、租赁费用	用以支付办公场所购买、租赁费用
	活动经费	举办学术会议（年会）费用	用以支付举办学术会议（年会）费用
		公益性服务费用	用以支付公益性服务费用
		其他社会活动经费	其他组织需要的社会活动经费
人力资源	工作人员	专职工作人员	专职工作人员数量
		兼职工作人员	兼职工作人员数量
		社会志愿者	社会志愿者数量
	精英群体	政府官员	政府、国企官员数量
		高校领导	高校、科研院所领导数量
		社会知名人士	社会知名人士数量
	会员	个人会员	个人会员数量
		企业会员	企业会员数量
合法性资源	身份合法性	登记认可	获得登记认可
		年检通过	年检通过率
	活动合法性	活动许可	获得活动许可次数
		登记备案	活动登记备案次数
公信力资源	媒体公信力	认同感	媒体对组织认同感
		信任度	媒体对组织信任度
		满意度	媒体对组织满意度
	社会民众公信力	认同感	社会民众对组织认同感
		信任度	社会民众对组织信任度
		满意度	社会民众对组织满意度

第三节　评价过程

一、数据收集

样本状况和数据收集在第三章第一节中已详细阐述过,在此不再赘述。通过上述研究,从科技社团所采取的不同资源依赖行为来对科技社团进行重新分类,如表 6-2 所示。

表 6-2　基于不同资源依赖行为的 W 市科技社团分类　　　单位/家

依附行为	服务行为	合谋行为
47	20	14

二、权重计算

(一) 建立多层次分析框架

上述章节基于层次分析法已经对科技社团资源依赖行为的评价建立了层次分析框架,将科技社团资源依赖行为评价指标分为:5 个一级指标、11 个二级指标和 29 个三级指标,如图 6-2、表 6-1 所示。结合层次分析模型构建了科技社团资源依赖行为效率的评价指标体系,并通过分析,得出了科技社团资源依赖行为效率评价的具体指标项与各指标层次之间的关系。

(二) 计算各层次中因素的权重

在判断各个指标之间重要程度时,我们通过专家打分,采用两两比较的方法来确定各个指标的重要程度。因此,衡量标准可以通过表 6-3 表示,其结果可以直接写为判断矩阵。

表 6-3　标度法 1~9 比例标度

标度	含义
1	两个因素相比,具有同样的重要性
3	两个因素相比,i 因素比 j 因素稍微重要

标度	含义
5	两个因素相比，i 因素比 j 因素明显重要
7	两个因素相比，i 因素比 j 因素强烈重要
9	两个因素相比，i 因素比 j 因素极端重要
2、4、6、8	介于上述相邻判断的中间
倒数	b_{ij} 是因素 i 比因素 j 的重要性，$1/b_{ij}$ 是因素 j 比因素 i 的重要性

根据以上标度确定了各个指标的重要程度后，运用 AHP 层次分析法软件对其具体权重进行计算。

（三）一致性检验

在进行科技社团资源依赖行为评价体系的权重计算之前，需要进行一致性检验，通过一致性检验判断矩阵的可靠性，从而避免人为偏差，保障判断矩阵的科学性。一致性检验计算步骤如下所示：

第一，计算随机一致性指标 CI

$$CI = \frac{\lambda \max - n}{n - 1}$$

式中：$\lambda \max$ 为判断矩阵的最大特征根，n 为判断矩阵的阶数。

第二，计算一致性比率 CR

CR＝CI/RI 式中为平均随机一致性指标，RI 为平均随机一致性指标值。由表 6 - 4 可查得。

表 6 - 4　AHP 法平均一致性指标值

矩阵阶数	1	2	3	4	5	6	7	8	9	10	11
RI	0	0	0.58	0.89	1.12	1.26	1.36	1.41	1.46	1.49	1.52

当 CR≤0.1 时，判断矩阵的一致性通过检验；当 CR≥0.1 时，应对判断矩阵进行修正。通过计算发现，所有项 CR＜0.1，因此，通过一致性检验。

三、权重计算结果

通过 AHP 层次分析法软件对科技社团资源依赖行为评价体系中各指标

进行计算，获得其具体指标权重。如表6-5所示。

表6-5 科技社团资源依赖行为评价指标体系与权重

一级指标		二级指标		三级指标	
指标	权重系数	指标	权重系数	指标	权重系数
政策资源	0.1008	支持型政策	0.6667	物资资源支持政策	0.2950
				职能转移政策	0.3971
				购买服务政策	0.3079
		保障型政策	0.3333	业务范围保障政策	0.6667
				税收保障政策	0.3333
资金资源	0.4220	运行经费	0.7500	人员工资	0.3090
				行政经费	0.5816
				办公场所购买、租赁	0.1095
		活动经费	0.2500	举办学术会议（年会）	0.6172
				公益性服务	0.2947
				其他社会活动	0.0881
人力资源	0.3689	工作人员	0.3522	专职工作人员数	0.6833
				兼职工作人员数	0.2098
				社会志愿者数	0.1068
		精英群体	0.5591	政府官员	0.3982
				高校领导	0.3982
				社会知名人士	0.2036
		会员	0.0887	个人会员	0.200
				企业会员	0.800
合法性资源	0.0597	身份合法性	0.7500	登记认可	0.3333
				年检通过	0.6667
		活动合法性	0.2500	活动许可	0.75
				登记备案	0.25
公信力资源	0.0486	媒体公信力	0.6667	认同感	0.1220
				信任度	0.2297
				满意度	0.6483
		社会民众公信力	0.3333	认同感	0.1047
				信任度	0.6370
				满意度	0.2583

四、W 市科技社团资源依赖行为模糊综合评价

（一）建立 W 市科技社团资源依赖行为效率评价体系指标集

经过专家评判组分析讨论，确定科技社团资源依赖行为评价的基本指标集为：

$U = \{U_1, U_2, U_3, U_4, U_5\} = $ ｛政策资源、资金资源、人力资源、合法性资源、公信力资源｝。

（二）权重确定

权重确定见表 6 - 5。

（三）建立模糊评价集

根据专家判定，确定科技社团资源依赖行为效率评价的等级为：

$V = \{V_1, V_2, V_3, V_4, V_5\} = $ ｛优秀，良好，一般，较差，差｝。

（四）确定隶属关系求模糊评价矩阵

科技社团资源依赖行为评价因素可以分为定量因素和定性因素。其中，定性因素可以通过行为调查问卷的结果来进行统计，得出定性评价指标影响因素数据。定量因素则须建立适当的隶属函数求得模糊评价集。在此，以采取依附行为进行资源依赖的科技社团为例：

定性因素。在确定模糊综合评价集时，采用统计方法，例如媒体满意度采取五级标度法进行测评，假设：

分别有 3，4，2，1，0 位对象认为（好，良好，一般，较差，差）。

模糊综合评价集则确定为：

(0.3，0.4，0.2，0.1，0)定量因素。结合科技社团资源依赖行为效率评价的实际情况，在研究中，选取以下分布函数，来确定隶属度。以该科技社团获得的专职工作人员的数量为例，人数越多，则其科技社团所采取的依赖行为在获取人力资源中的效率就越高。通过调研和计算发现，采取依附行为获得的兼职工作人员的科技社团平均值为 5 人，我们可以制定兼职人数的取值范围与评价等级的对应关系为：

3 人以下，差；3～6 人，较差；6～9 人，一般；9～12 人，良好；12 人以上，优秀。由此可得出线性隶属函数表达式为：

$$r_{i5} = \begin{cases} 1 & (x_i \leqslant 3) \\ (4.5 - x_i)/1.5 & (3 \leqslant x_i \leqslant 4.5) \\ 0 & (其他) \end{cases}$$

$$r_{i4} = \begin{cases} (x_i - 3)/1.5 & (x_i \leqslant 3) \\ (7.5 - x_i)/3 & (4.5 \leqslant x_i \leqslant 7.5) \\ 0 & (其他) \end{cases}$$

$$r_{i3} = \begin{cases} (x_i - 4.5)/1.5 & (4.5 \leqslant x_i \leqslant 7.5) \\ (10.5 - x_i)/3 & (7.5 \leqslant x_i \leqslant 10.5) \\ 0 & (其他) \end{cases}$$

$$r_{i2} = \begin{cases} (x_i - 7.5)/3 & (7.5 \leqslant x_i \leqslant 10.5) \\ (12 - x_i)/1.5 & (10.5 \leqslant x_i \leqslant 12) \\ 0 & (其他) \end{cases}$$

$$r_{i1} = \begin{cases} (x_i - 10.5)/1.5 & (10.5 \leqslant x_i \leqslant 12) \\ 1 & (12 \leqslant x_i) \\ 0 & (其他) \end{cases}$$

其中，x_i 表示第 i 种因素的值；r_{ij} 表示第 i 种因素对第 j 级的隶属度。

因此，每个基本因素所得的模糊集如下所示：

$$b_{ij} = \{\mu_{u_{ij}}(\tfrac{v}{1}),\ \mu_{u_{ij}}(\tfrac{v}{2}),\ k,\ \mu_{u_{ij}}(\tfrac{v}{5})\}$$

其中，$i = 1, 2, k, n$；$j = 1, 2, k, p_i$。

二级指标的每一个因素子集 $u_i = \{u_1, u_2, \ldots, u_{pi}\}$，对应得到该因素评价矩阵：

$$R = \begin{pmatrix} r_{11} & \cdots & r_{1n} \\ \vdots & \ddots & \vdots \\ r_{m1} & \cdots & r_{mn} \end{pmatrix}$$

（五）模糊综合评价

根据层次分析法确定科技社团资源依赖行为效率评价指标体系的权重，在采取"依附行为"的科技社团资源依赖行为效率评价中，以其工作人员获取效率为例，确定科技社团"工作人员"指标的权重分配为：

$$A = (0.6833，0.2098，0.1068)$$

将数据代入综合评价模型中，计算过程如下：

$$B = A \times R = (0.6833，0.2098，0.1068) \times \begin{pmatrix} 0 & 0 & 0.421 & 0.579 & 0 \\ 0 & 0 & 0.716 & 0.284 & 0 \\ 0 & 0.237 & 0.763 & 0 & 0 \end{pmatrix}$$

$$= (0，0.0253，0.5194，0.4552，0)$$

B 为采取"依附行为"的科技社团的工作人员获取效率的模糊综合评价的结果。根据最大隶属原则和计算结果显示，在 B 中，采取依附模式来获取工作人员的科技社团总体效率评价为"一般"。因此，科技社团的"依附行为"获取工作人员的效率水平处于一般状态。

（六）求科技社团资源依赖行为效率分数

结合现有研究和专家咨询，在本书中，对于科技社团三种资源依赖行为效率分数的界定如下：

"优秀"为100分，"良好"为80分，"一般"为60分，"较差"为40分，"很差"为20分。这时，分值列向量为：

$$C = \begin{pmatrix} 100 \\ 80 \\ 60 \\ 40 \\ 20 \end{pmatrix}$$

因此，采取依附行为模式的科技社团工作人员获取效率分数为：

$$Q = B \times C = 50.532 \text{ 分}$$

第四节　评价结果与讨论

一、依附行为分析

通过对采取"依附行为"进行资源获取的科技社团评价发现，其综合评分为64.27。同时，从纵向上看，在依附行为的政策资源获取效率中，两种政策的获取效率区别不大；在人力资源获取中，精英群体在科技社团中的任职状况超过了其他两类群体，这也是当前我国采取依附行为来换取资源的科技社团生存发展过程中所存在的困境，组织中精英群体比例过高，导致了科技社团组织的独立性缺失，且容易被精英会员操控。

在资金资源获取上，采取依附行为来获取资源的科技社团资金获取效率相当低，这同时也验证了我们在调研中所发现的情况，大部分依附型科技社团都依赖于政府和挂靠单位的直接性资金供给，自身并没有对外的服务性收入来源，组织经费来源渠道单一，即使有对外服务，服务所得收入也不会由科技社团自由支配。

在合法性资源获取上，该类科技社团的获取效率相对于其他资源较高，这同时也是这一类科技社团当前的生存体制给其带来的资源获取优势。但对于科技社团来说，合法性资源并不会给其自身的生存发展带来很大程度的影响，这同时也验证了在调研中所发现的"有趣现状"，即科技社团只要没有违反国家法律的行为，则一般不会被主管部门予以取缔，在这样一种模式下，部分科技社团的"名存实亡"状态也得到了合理的解释。

在公信力资源获取效率上，依附行为所带来的社会公信力较差，这也是由于其面对社会开展的服务过少而造成的，即使有面向社会开展的服务，其本身也是代表着官方的身份，社会公民对其认知就是"二政府"，同时也验证了我们在案例调查中的 W 市知识产权学会发展现状。

综上所述，可以说体制的影响和自身的"资源依赖惰性"共同造成了科技社团依附行为的资源获取效率低下，该类社团如果不及时进行市场转型，在国家政策和外部环境发生变化时，将会被市场和社会所淘汰。

二、服务行为分析

在对服务行为进行分析时发现，其综合评分为 71.04。同时，除政策资源之外，服务行为在各方面的资源获取效率上都较为均衡，这也验证了我们在调研中所发现的"非对称性依赖"现状。当科技社团与政府等权威部门脱钩，独立通过市场竞争手段来面向市场和社会进行资源获取时，其在承接政府职能转移和政府、企业的公共服务性项目购买中并不占有优势，即使有精英群体在社团内兼职，对于社团整体的资源获取也没有带来决定性的影响，当前政府对于科技社团的职能转移在一定程度上仍然处于"体内循环"状态。服务行为可以为科技社团带来更多的社会选择，提升科技社团的社会公信力，但在我国当前科技社团的发展环境下，社会对于科技社团所提供的公共服务购买意愿不强，认为这都是属于政府的公益性事务。在这样一种状况下，科技社团并不能从社会公民处获得更多的自然性资源。同时，在合法性资源获取上，通过服务行为获取资源的科技社团与依附行为一样，只要自身没有违反国家法律，科技社团管理部门一般不会对其取缔。

三、合谋行为分析

通过对科技社团合谋行为的综合评价发现，其综合评分为 77.69。同时，在其五类资源的获取效率上，公信力资源得分最低，而资金资源得分最高，这与科技社团通过合谋行为获取资源的方式紧密相关。

科技社团在合谋行为中，通过在"灰色地带"获取的资金比例高于其组织的服务性收入，采取该行为获得资源的科技社团，通过出售学术会议展台、收取企业赞助资金、收取会员培训经费等方式来获得自身的发展经费，并接受企业的非市场化竞争利益输送。同时，在其合法性资源的获取上，比例也相当高，这与我国当前政府部门对于科技社团组织活动监管的"治理缺位"有一定关系。

在该类科技社团中，人力资源的获取效率比其他两类科技社团都要高，这也是由于其自身经济资本的优势所产生的。但在调研中发现，政府官员在此内社团中兼职的比例并不是很高，精英群体主要来自医院及相关科研院所，大部分都是本行业的学术权威，同时，这部分精英群体本身也具有一定的行政职务。

在政策资源的获取上，我们发现，采取合谋行为获取资源的科技社团并未失去政策获取的优势，这或许与这一类科技社团在政策获取中采取的"游说""联盟"等资源获取策略相关。

四、综合分析及讨论

第一，从科技社团资源依赖行为的综合评价上来看，依附行为获取资源的效率最低，服务行为获取资源的效率其次，而采取合谋行为的科技社团资源获取效率最高。这与我国推动科技社团面向社会服务的要求还相差甚远，政府在体制上对于科技社团的限制依然存在，职能转移意愿性不强，部分单位在科技类公共服务职能转移上仍然试图通过控制科技社团来进行自身合法性功能的延伸。

第二，当前我国基层科技社团在生存发展中所呈现出的"马太效应"明显，好的科技社团发展越好，差的科技社团发展越差，大部分科技社团在资源获取上依然存在着"等、靠、要"的思想，没有独立面对市场和社会开展公共服务的意识和意愿，在市场化环境下，将进一步导致其生存困境发生。

第三，缺乏一套针对科技社团的激励机制和绩效考核体系。从科技社团的合法性资源获取上来看，只要科技社团不违反国家法律规定的组织行为和组织活动，一般不会被管理部门取缔。在这样一种模式下，科技社团独立面向市场和社会开展服务的意愿将会被进一步减弱，加之当前科技社团仍然存在"一业一会"的格局，缺乏有效的市场竞争机制，在其资源获取上，也没有一套完善的激励体系，大部分科技社团依附于政府部门和挂靠单位，自身没有资金支配权，在对其进行的年检考核等手段上趋于形式化，没有一套针对科技社团的科学绩效评价体系，导致了科技社团"名存实亡"现象的发生。

第四，当前，我国基层科技社团在资源获取上还没有形成合力，大部分科技社团在资源获取上都处于"单打独斗"的局面。例如，在政策资源获取上，采取依附行为和服务行为的科技社团并未超过采取合谋行为的科技社团，通过对调研案例的分析发现，合谋行为主要采取"横向联盟"与"纵向联盟"等手段来向政府等相关权威部门获取生存发展政策，在其资源依赖行为策略的选择上超过了其他两类科技社团。

第五，政府对于面向社会服务和市场需求转型的科技社团，在政策扶持力度上仍然不够。在"非对称性依赖"的资源依赖困境的发生上，对于采取服务行为来通过市场竞争获取生存资源的科技社团来说，影响较大。而对于采取合谋行为的科技社团来说，虽然有一定的影响，但由于其主要生存性收入并不是来自完全市场竞争背景下的社会服务，因此，对其影响并不是很大。

第六，当前我国政府对科技社团的管理上，仍然存在着"治理缺位"，政府等相关科技社团管理部门主要从其登记成立上，来对其合法性进行规范化管理，忽视了对其行为过程的监管，在一定程度上造成了科技社团的监管"缺位"，导致了科技社团组织发展中的乱象。

综上所述，本章主要通过多层次分析法（AHP）和模糊综合评价法对科技社团资源依赖行为进行多层次模糊综合评价研究。在第一节，对于评价的原则和方法进行了简单的阐述，并对科技社团资源依赖行为评价层次进行了划分，将其分为目标层、子目标层、准则层以及方案层四个层次；在第二节，对科技社团资源依赖行为评价的指标体系进行了构建，通过评价指标的选取，构建了科技社团资源依赖行为评价指标体系的层次结构模型，将科技社团资源依赖行为评价体系分为 5 个一级指标、11 个二级指标和 29 个三级指标；在第三节，对于科技社团资源依赖行为评价体系进行了权重计算，并通过计算求得其相应权重，同时，对科技社团三种资源依赖行为进行综合评价，并对其评价结果进行了分析和讨论。

第七章　科技社团资源依赖行为治理路径

随着社会经济的不断发展，科技社团在参与建设创新型国家过程中发挥着重要的作用，政府对于科技社团的培育和治理，促进了科技社团的有序发展。但同时，在科技社团从创业期到发展期的组织发展过程中，由于受到不同资源依赖行为的影响，科技社团的生存状况也在不断地发生着动态变化，科技社团的资源依赖行为在一定程度上促进了科技社团的成长，同时也影响着科技社团的发展。因此，需要找到一条有效的治理路径来优化科技社团的资源依赖行为，治理不同于管理，对科技社团资源依赖行为的治理路径探析，是为了对科技社团资源依赖行为中的依附行为进行优化，为服务行为营造空间，对合谋行为予以监管，从而提升科技社团的生存能力，促进科技社团的可持续发展。

第一节　路径设计

科技社团资源依赖行为治理的整体路径设计，从治理目的上是要促进科技社团资源依赖行为更加有效，避免其陷入资源依赖困境，提升科技社团的组织生存能力。在市场化环境下科技社团资源依赖行为从其行为意识上看，不能再被动地依赖于政府部门的直接性资源扶持，或者仅仅依赖于企业和社会公民的无偿捐赠，科技社团首先从意识观念上进行资源依赖行为意识的转变。

在体制上，应推动具有政府背景的科技社团面向市场进行转型，构建科技社团的资源交易体制，鼓励科技社团在组织发展过程中，打造具有市场竞争力的公共产品和服务，参与科技类社会公共服务供给。在机制上，应完善科技社团资源依赖行为的运行机制，降低科技社团与外部组织间的非对称依赖现状，降低科技社团资源依赖成本，提升科技社团获取资源的效率。

在政策保障方面，应出台保障科技社团资源获取的相关政策，并加强对科技社团资源依赖行为的监督，特别是对科技社团的"合谋行为"予以监管和查处，保障科技社团的健康有序发展。因此，对于科技社团资源依赖行为的治理路径设计，需要从科技社团资源依赖行为意识培育、体制转变、机制完善以及政策保障四个方面来构建科技社团资源依赖行为的"A－S－M－G治理路径"，从而避免科技社团在资源依赖行为过程中陷入"资源依赖困境"，改进科技社团资源依赖行为现状，提升科技社团市场化生存能力。

"A－S－M－G"资源依赖行为治理路径设计如图7－1所示。

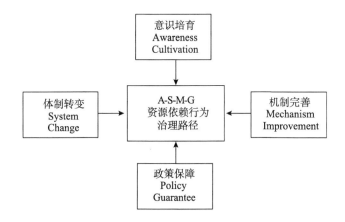

图7－1　"A－S－M－G"科技社团资源依赖行为治理路径

一、意识培育

科技社团资源依赖行为治理的意识培育是指在科技社团资源依赖行为中对于其资源路径依赖等行为在意识观念上进行转变。要在组织行为意识上对科技社团进行引导和培育，从过去"等、靠、要"的直接性资源依赖行为索取方式转变为通过提供公共服务产品来向外部环境换取资源的方式，在思想意识上对科技社团的行为发生意图进行培育和引导。根据组织行为相关理论，意识在一定程度上决定着个人或者组织的行为，思想意识的转变是一个组织或者个人进行行为转移的决定性因素。在资源依赖行为优化过程中，首先需要对组织意识进行引导，引导科技社团在资源依赖行为意识上从"索取"变为"换取"，从依赖政府部门的直接性资源扶持转向自身专业化科技类社会服务的供给。

从心理学的角度出发，资源依赖意识反映了科技社团对于组织赖以生存的内、外部资源环境的心理认同。行为科学理论认为，个人或者组织的行为是由环境变量和个体变量的函数，科技社团的资源依赖行为发生是组织自身与外部环境、内部因素共同作用的产物，科技社团对于资源依赖的意识选择往往会通过其资源依赖行为策略和选择进行表现，从某种程度上说，科技社团的资源依赖意识和资源依赖行为是紧密联系的。在科技社团资源依赖行为意识方面，采取依附行为进行资源依赖的科技社团往往会陷入路径依赖的困境，即在获取资源的同时产生生存惰性，最终形成资源路径依赖，这也是由于采取依附行为的科技社团在思想意识上缺乏自身对外发展的动力和意愿。而采取服务行为和合谋行为进行资源依赖的科技社团则在行为过程中容易受到外部资源获取程度、资源获取可能性以及外部组织的控制，合谋行为在资源依赖意识上受到外部环境的影响，倾向于依赖可以给组织带来收益的对象，比较关注资金等方面的资源，与利益群体进行资源合谋来获取资源。服务行为在科技社团组织服务和产品交换过程中，在组织意识上容易受到资源获取效率、经济性利益等因素的干扰，容易造成公共性职能的缺失，导致其资源依赖行为的偏移。综上所述，正确的资源依赖意识培育是科技社团资源依赖行为治理的首要路径。

二、体制转变

"体制"是指处于社会网络中的组织在管理权限划分以及组织部门架构等方面形成的体系、制度和形式，科技社团资源依赖体制则属于科技社团的管理体制范畴，主要是对科技社团现有的资源获取体系、制度以及形式在体制上进行治理和重构。

在科技社团资源依赖行为的体制转变上，首先需要剪断科技社团与政府部门以及挂靠单位之间的"脐带"。科技社团资源依赖行为的发生离不开科技社团资源依赖体制的影响。要对科技社团资源依赖行为进行优化，则必须使科技社团现有的资源依赖体制进行转变。科技社团要在现代社会中生存下去，必须转变过去传统的资源依赖体制，从单向的资源依附行为向社会服务行为转变。从宏观上来看，政府及上层建筑对科技社团管理体制的不完善在一定程度上导致了科技社团资源依赖行为的偏差，同时也造成了科技社团资源依赖行为的异化。例如，部分科技社团在生存过程中没有与外部环境进行交换的资源也能够获得相关部门的生存资源扶持，或者拥有与外部环境进行交换的资源，但资源获取却并非来自市场化竞争，而是政府及相关职能部门给予的权力、职能让渡，这些科技社团通过非市场化竞争所获得的组织职能，由于专业性不强或外部环境政策的变化，在市场经济环境下，将进一步导致科技社团的生存能力弱化，组织整体抗风险能力较低，社会对其依赖性不强，容易被社会所淘汰。

通过对科技社团资源依赖体制进行转变，可以提升科技社团资源依赖行为的效率，避免科技社团在资源依赖行为过程中陷入"资源依赖陷阱"，优化科技社团的资源依赖行为路径。在科技社团资源依赖体制转型过程中，需要从政府、企业、社会公民以及科技社团自身出发，对不符合现代科技社团发展的资源依赖体制进行优化和重构，从科技社团资源依赖行为发生对象、目的以及模式等方面对资源依赖体制进行重建，引导科技社团在提升自身服务的基础上，参与到社会网络中进行资源交换，通过产品和服务来获取生存资源，提升科技社团组织的抗风险能力。

此外，从管理学的视角出发，科技社团资源依赖行为的转变也不能简单地从其行为表象来进行治理，而是应该从科技社团的管理体制出发，完善现代科技治理中的科技社团治理体制。科技社团资源依赖行为偏离、异化所造成的组织生存困境，从制度上看是由于科技社团治理体制不够完善造成的。因此，要提升科技社团的生存能力，需要对现有科技社团的治理体制进行完善，构建科技社团在市场环境中的资源交易体系，进一步从体制上推动政府对科技社团的职能转移，提升科技社团的生存发展效率。

三、机制完善

"机制"从其字面上来说，指的是在工作方式上存在的内在工作形式，机制包含体制中各个组成部分之间存在的所有关系，以及这些关系在动态变化中存在的相互联系。从广义上来说，体制和机制相辅相成，同属于制度范畴，一个组织在运行过程中既需要体制的具体表现和实施形式，同时也需要机制的有效运行。一般来说，一套完善的体制背后都拥有一种有效的运行机制。从制度的概念来看，机制就是制度加上方法，或者说机制是制度化后的方法，机制在一个制度体系中，可以通过制度体系中的内部要素组合，并使这些组合要素按照一定的运行机制进行相互联系和相互制约，发挥其运行功能。

在科技社团的资源依赖行为中，其行为运行机制的转型和完善是科技社团资源依赖行为治理的重要路径和主要策略。通过对其行为运行机制的治理可以重构科技社团资源依赖行为中各个要素之间的关系，重构其运行机理，完善其行为决策。从科技社团资源依赖行为产生的困境来看，在很大程度上是由于科技社团资源依赖行为的运行机制不够完善造成的，在行为机制的运行过程中，由于受到构成科技社团资源依赖行为的各个要素之间的相互影响和相互作用，导致了科技社团资源依赖行为发生的方式、形式以及获得的功能性作用存在着很大的不同。同时，无论是从不同生命周期阶段科技社团的资源依赖行为选择，还是从不同类型的科技社团资源依赖行为方式来看，由于其行为运行机制的不同，导致了科技社团资源依赖行为产生的效果，或者造成的困境有所不同。

"机制完善"主要是从科技社团资源依赖行为过程出发，在科技社团资源依赖行为的运行过程中，对其行为过程中所产生的行为偏离和行为异化进行动态监控和实时矫正。要从机制上厘清科技社团资源依赖行为内部各个部分之间的相互关系和机理，从科技社团内部出发，完善科技社团资源依赖的行为过程，在科技社团资源依赖行为的策略及行为选择上进行优化和完善，减少资源依赖行为给科技社团自身生存发展带来的影响。

四、政策保障

科技社团资源依赖行为从其发生上来看，主要是由于科技社团存在的生存目的性追求而产生的。科技社团在生存过程中，自身无法完全提供生存发展所需要的全部资源，基于此，科技社团不得不对外部环境产生资源依赖行为。但由于在市场经济环境下，大部分科技社团都没有及时地面向市场进行转型，导致了其资源依赖行为在一定程度上产生了偏差，弱化了科技社团的独立生存能力，使科技社团生存空间进一步狭窄。

在市场化环境下，科技社团生存能力想得到进一步提升，则必须从根本出发，对其当前存在的资源依赖行为进行优化。在治理路径的设计上，不仅需要对科技社团资源依赖行为的发生意识、依赖体制以及依赖机制等方面进行转变，同时也需要对科技社团的资源依赖行为进行政策保障，从政策上对科技社团资源依赖行为进行约束和监督，引导科技社团的资源依赖行为健康有序发展。政策保障从路径设计目的上来看，主要是为了监督和引导科技社团的资源依赖行为，通过制定相应的规章制度来为科技社团的资源依赖行为提供政策保障和制度规范。

在科技社团资源依赖行为的政策保障内容设计上，可以从以下几个方面展开：第一，规章制度。对于科技社团现有的资源依赖行为在规章制度上对其进行规范化，促使科技社团在资源依赖行为中良性发展，避免科技社团陷入生存困境。第二，法律支持。科技社团资源依赖行为的发生需要得到法律的合法性支持，对处于"灰色地带"的资源依赖行为予以取缔和查处。第三，政策扶持。对于科技社团的生存困境给予政策扶持，对科技社团规范化的资源依赖行为给予政策支持和政策帮扶，提升其通过合法性手段获取生存资源的效率。科技社团资源依赖行为的政策保障在功能设计上，主要是对科技社团资源依赖行为的体制机制进行政策规范和政策扶持，从政策功能出发，通过法律法规建设、规章制度完善等方面来优化科技社团资源依赖行为路径。科技社团资源依赖行为并不是独立存在的，其行为是一个动态且连贯的整体，只有通过政策保障才能从制度上规范科技社团的资源依赖行为，提升其行为效率，优化其行为过程，避免其行为困境，保障其行为收益。

第二节 治理建议

一、培育科技社团"资源交换"意识

（一）转变科技社团资源依赖行为中"等、靠、要"思想

当前，要对科技社团现有的资源依赖行为进行优化，则必须首先转变科技社团过去存在的"等、靠、要"思想，不能仅仅依靠政府、高校、科研院所、企业的直接性扶持或者会员的会费来维持组织的基本生存。在市场化经济环境下，组织间的竞争将越来越激烈，科技社团要想通过资源依赖行为获取生存资源，则必须抛弃过去的"单向依赖"思想，促使其面向社会和市场进行资源互换，提升其资源交易的意识和意愿。通过宣传、教育等手段，引导科技社团在生存意识上不再单一地依赖于某一资源，或者依附于某一对象，培育科技社团独立生存的意识。

（二）引导科技社团在依赖意识上从"资源索取"到"资源互换"

在科技社团现有的资源依赖行为中，其资源索取意愿性较强，部分科技社团认为政府应该对组织进行资源扶持，而忽视了自身专业化能力以及社会服务水平的提升。同时，科技社团由于资源路径依赖的影响，导致了其自身对外提供公共产品和公共服务的意愿性不强，即使自身拥有与外部组织进行交换的资源，也没有意愿和意识与外部组织间进行资源互换。在这样一种组织资源依赖行为的运行模式下，不仅需要政府对科技社团进行资源互换引导，同时也需要科技社团自身提高资源互换的意识，从而优化科技社团的资源依赖行为，提升科技社团市场化生存能力。可以由科技社团的业务指导部门统一组织科技社团考察，通过科技社团之间的相互学习和交流，学习国内外发展较为完善的科技社团的资源获取经验，提升科技社团在资源依赖行为中的资源互换意识。

（三）加强科技社团公共服务意识

从一个国家存在的组织来看，大致可以分为政府、企业以及社会组织

三种。从这三种组织的功能性作用来分析，政府主要是进行国家管理，实施管理职能。企业主要是追逐经济利益，推动社会经济发展。而社会组织则是为了弥补政府和企业在社会网络中出现的"政府失灵"和"市场失灵"现象，发挥其公共性和公益性作用，参与社会的公共服务供给。科技社团作为科技类社会组织，其成立发展之初就是为了弥补政府和企业在科技类公共治理事务中存在的不足，并促进科技类公共事务的发展。因此，科技社团从其先天功能上就具有公共服务的本质，但科技社团在资源依赖行为过程中忽视了社会公共服务功能，当前，必须重视科技社团在资源依赖行为过程中的利益追逐现象。在资源依赖行为意识优化方面，应增加社会公共服务（如科学普及、专家咨询、科技成果转化等）意愿，强化科技社团的公共服务意识培育，发挥科技社团在建设创新型国家中的服务性作用。

二、推动科技社团市场化转型

（一）剪断"脐带"，推动"科技社团"向"科技型社会企业"转型

在市场化经济环境下，要对科技社团的资源依赖行为进行优化，提升科技社团资源依赖行为效率，避免科技社团在资源依赖行为中陷入独立性缺失的困境，则必须从根本出发，在体制上对科技社团进行转变，首先需要剪断与政府部门的"脐带"。

同时，要推动科技社团从萌芽、发展走向成熟，科技型社会企业在当前环境下是一个新的转型选择。科技社团缺乏独立对外进行资源互换的意识和能力，从很大程度上来说，是由于现有的体制造成的，科技社团的生存体制制约了其进行资源互换的能力和方式，且已经无法适应在社会经济中的生存发展需求。因此，可以借鉴企业的市场运行模式，让科技社团在市场环境中商业化运行。社会企业的构建与完全的市场型企业不同，其收入分配只能用于组织发展和基本运行经费，而并非获取经济利益，科技型社会企业的构建既可以保障科技社团的公益性，同时也可以提升科技社团的资源获取效率。科技型社会企业可以拥有在财务、人员等基础性组织运行资源上的支配处理能力，可以促使其独立生存，激发其发展意愿，发挥

其专业化水平，从体制上改变科技社团资源获取的可行性，推动科技社团从单纯的学术交流型走向社会服务型。

（二）允许科技社团向社会提供科技服务时收取一定服务费用

鼓励科技社团在组织资源获取上更多地面向社会进行公共服务，通过向社会提供科技类公共产品来换取自身的生存发展资源。在市场化环境下，科技社团想要改变资源依赖困境，则必须主动地面向市场和社会需求来开展组织活动，例如通过科技人才培训、对社会公民提供专业化的科技咨询等方式获取组织的发展经费。从政府等管理部门角度出发，应允许和鼓励科技社团通过社会服务来换取资源，给予其政策上的支持。从科技社团自身出发，应进一步适应社会选择，打造社会需求的产品和服务，充分发挥科技社团的专业化优势，与政府一起参与科技服务平台构建，利用"互联网＋"等新模式为社会公民提供科技类公共服务。

（三）建立与企业合作的资源获取新模式

在科技社团资源获取新模式下，要进一步完善和构建与企业合作的资源依赖模式。主动面向企业需求，改变过去由企业进行代理选择的资源获取困境，主动面向企业推荐自身的产品和服务，加强与有需求的企业合作，共同推动科技领域的发展。例如，科技社团可以在科技成果转移方面与企业展开合作并收取一定的服务费用，在组织会员和企业之间搭建科技成果转化的桥梁，向企业提供相关信息，鼓励会员向有需求的企业转移相关科技成果，共同推动科技创新发展。

同时，在科技社团与企业进行合作的模式下，应转变过去通过组织权力或社会资本来换取企业项目委托的模式，科技社团自身应提升服务水平和服务质量，在服务产品提供上要能够符合企业需求，从打造自身服务质量出发，在市场化环境下，共同参与市场竞争来获取企业项目委托。

三、构建科技社团资源获取竞争机制

（一）停止政府权威性资源直接转移，实施公共服务招标采购机制

当前，由于科技社团在资源获取上存在着非完全市场化竞争格局，需要构建科技社团公共服务的招标采购机制，促使科技社团的资源获取方式

规范化发展。无论是具有政府背景的科技社团还是草根型科技社团，在参与社会公共服务供给中都需要通过统一的招标采购平台来进行市场竞争，停止政府对科技社团权威性资源的直接供给。

完善科技类社会公共服务的招投标过程，建立符合科技社团实际的科技类公共服务招标机制，通过体系和机制的建立，优化科技社团资源获取的路径。政府及管理部门可以将适合科技社团承担的科技类公共服务面向所有科技社团进行招标采购，让具有服务能力和专业化水平较高的科技社团共同参与社会公共服务竞争，在科技社团的资源获取过程中引入市场化竞争机制，不再通过政府部门的直接性职能转移给予科技社团资源扶持。同时，在企业委托科技社团的项目方面，也应进行统一监管，避免"暗箱操作"，激发科技社团获取资源的活力和意愿，在市场化环境下共同参与资源竞争。

（二）完善"一业多会"的科技社团资源竞争机制

通过对 W 市科技社团的调研发现，科技社团当前存在着"一业一会"的现象，也就是说在一个行业只有一个科技社团。科技社团的"一业一会"生存模式在很大程度上影响着科技社团的资源获取方式，造成了科技社团资源依赖行为的异化。在科技社团资源依赖行为优化过程中，需要打破传统的"一业一会"格局，充分引入市场竞争机制，政府等相关管理部门应允许和鼓励在相同的科技行业和科技领域成立同行业、同类型的科技社团，加强科技社团之间的相互竞争，促进科技社团的健康发展。同时，在科技社团的成立登记方面也要进一步降低门槛，允许符合标准的相同社团进行注册，从科技社团的体制转变上促进科技社团资源竞争机制的发展。

（三）整合生存能力较弱的科技社团，共同参与资源竞争

在市场经济环境下，科技社团资源获取障碍和行为困境在很大程度上是由于科技社团生存活力缺失、生存能力弱小造成的，而科技社团生存能力的弱化又反作用于科技社团的资源获取效率，导致了科技社团资源依赖行为的困境。

在科技社团竞争机制引入的同时，一些生存能力弱小、名存实亡的科技社团将逐渐被社会和市场所淘汰。同时，随着社会网络中各类科技型组织的不断增长，资源竞争将越来越激烈，科技社团要在激烈的资源竞争中通过合法的市场化方式获取生存发展资源，则必须对现有的生存体制进行改革：通过组织之间的优势互补来进行组织资源整合，构建科技社团灵活应变的生命机制，共同化解生存风险。从科技社团自身来看，可以与其他科技社团进行有机结合，在参与资源竞争上形成合力，共同参与市场化资源获取。同时，从政府管理部门的视角出发，应进一步整合生存能力弱小的科技社团，特别是一些名存实亡的科技社团，通过组织整合将小社团"做大做强"，破解科技社团"单打独斗"的资源获取格局，提升其市场化生存能力。

四、优化科技社团非对称性资源依赖关系

（一）政府：由"行政命令"转向"契约合作"

科技社团与政府之间的非对称性资源依赖关系是造成科技社团资源依赖行为异化的重要因素。当前，通过对 W 市科技社团调研发现，政府等相关部门对于不属于自己业务主管以及与政府之间没有相关联系的科技社团，基本没有职能转移，对于科技社团的"职能让渡"空间较小。当科技社团处于创业期和发展期时，政府对科技社团的资源扶持是科技社团的主要资源获取方式。当前，科技社团想要取得政府资源，一般来说需要具有官方背景，要么是由政府部门改制而来，要么接受相关政府部门直接管理。

政府应转变观念，降低对科技社团的行政控制，对科技社团进行"松绑"，而非"招安"。要对科技社团的资源依赖行为进行优化，必须转变科技社团与政府部门之间的非对称资源依赖关系。政府应将过去属于自己下属单位的科技社团推向市场，彻底在人、财、物等方面剪断与科技社团之间的联系，转变对科技社团的"行政作风"和"资源控制"。

政府与科技社团的关系应该从过去传统的行政命令式的上下级关系向契约合作式的伙伴关系转变，应进一步推动政府的科技类职能转移，建立科技类职能转移清单，将一些自身无法做、做不好的事情交给科技社团来

承担。同时，也可以采取规范化的政府委托方式，购买科技社团的社会公共服务，从而拓宽科技社团的生存资源获取空间。

（二）企业：由"定向采购"转向"多元选择"

在科技社团与企业的非对称依赖关系转变上，从科技治理的角度出发，应进一步加强企业对科技社团产品服务的采购，让更多的企业通过会员方式参与科技社团的组织活动，增加企业与科技社团之间的互动合作。在完善以企业为主体的技术创新体系中，企业可以利用科技社团的专业化优势帮助自身发展，通过企业与科技社团的合作，同时也能够扩宽科技社团的生存空间。

在科技社团与企业的资源依赖关系上，应对传统的项目委托——代理内容、方式进行优化，停止对拥有权威性资源科技社团的"定向采购"，规范企业的资源输送方式。同时，在传统模式下，由于大部分科技社团都属于学术交流型科技社团，本身并没有符合企业需要的公共服务，企业对于科技社团提供的服务选择空间很小。在市场化环境下，企业可以将科技人才引进、科技成果转化等方面的科技类事务交给科技社团来承担，委托科技社团对企业进行科技类的专业化服务。

（三）公民：由"认知真空"转向"协同合作"

科技社团与公民之间的关系应该从"认知真空"转向"协同合作"。当前，大部分公民对于科技社团的了解都存在着认知真空现象，公民根本不知道科技社团的存在，这同时也是科技社团专业化门槛较高、社会化服务不足造成的。在科技社团发展过程中，公民对于科技社团的认可同时也是科技社团赖以生存的重要资源。科技社团要想在社会中得到可持续发展，则必须增强与公民之间的互动。

同时，从公民角度出发，也应对科技社团进行理解和接纳，政府要在公民和科技社团之间营造一个良好的外部氛围，引导公民通过参加科技社团来共同参与国家科技治理。从科技社团的角度出发，应进一步降低会员准入门槛，吸纳更多的公民参与社团活动，提高其社会公信力，引导民众共同参与科技社团发展。

五、加强科技社团专业化能力建设

（一）加强组织人才建设

1. 增加科技社团专职工作人员

要提升科技社团自身的资源获取能力，首先需要提升科技社团中专职工作人员比例，将组织中会员、领导层以及专职工作人员进行人员合理配置。根据调研发现，W 市 81 家科技社团只有不到一半的社团拥有专职工作人员，专职工作人员的匮乏导致了科技社团资源获取能力的弱化。从科技社团治理出发，应对科技社团专职工作人员的数量进行制度化规范，对没有专职工作人员的科技社团要进行限期整改。同时，应进一步优化科技社团专职工作人员的年龄结构，改变全部聘请离退休工作人员模式，推动科技社团专职工作人员队伍年轻化改革。

2. 构建科技社团专职工作人员编制体系

从政府对于科技社团治理的角度出发，要增加科技社团的专职工作人员，则必须构建一套独立于行政、事业以及企业以外的科技社团专职工作人员编制体系。相关管理部门可以将科技社团专职工作人员纳入国家工作人员编制体系，并将专职工作人员的人事档案交由相关主管部门如民政局、科协进行统一管理，保障其工作稳定性，改变科技社团工作人员职业化水平过低的现状。

此外，还可以推动科技社团专职工作人员职称体系建设，让科技社团专职工作人员拥有向上流通的渠道和职称晋升空间，探索科技社团工作人员的专业职称评定，从制度上保障科技社团专职工作人员的工作热情，并在科技社团中推行专职工作人员持证上岗制度，提升社会对科技社团专职工作人员的认可度。

3. 完善科技社团专职工作人员收入制度

对科技社团专职人员的工资奖金收入进行完善，允许将科技社团在市场化服务中所获得的收益用于支付科技社团专职工作人员的工作酬金，提升科技社团专职工作人员的福利待遇，从制度上对科技社团专职工作人员的待遇进行规定，激发其工作积极性。在其工资收入水平上可以参考企事业单位人员的平均工资收入，在奖励机制上，将个人奖金和工作绩效相结合，提升社会公民参与科技社团专职工作的意愿。

4. 完善科技社团专业化人才培育、输送机制

科技社团人才输送机制构建主要是指针对科技社团专业化人才，鼓励政府和企业的相关管理型人才到科技社团挂职工作，并保留在原单位的人事关系。科技社团同时也应面向高校毕业生进行人才招聘，吸引具有专业背景的复合型、专业型人才到科技社团工作，通过完善专职工作人员个人收入、职称晋升空间等方式吸引相关人才。同时，还应加强对科技社团现有专职人员的职业化和专业技能培训，提高其工作能力和工作水平。

（二）提升社会服务能力

1. 面向社会需求提供产品服务

在市场化环境下，科技社团的资源获取将越来越依赖于社会选择。科技社团只有面向市场需求来提供产品和服务才能获取组织生存资源。科技社团应主动面向社会需求开展组织活动，加强组织自身资源获取能动性，还要通过市场和社会调研，深入了解政府、企业以及社会公民的科技类公共服务需求，科学合理地提供公共服务产品。

2. 完善科技社团组织自身专业化建设

能力的提升离不开组织结构的完善，科技社团应加强组织机构建设，完善科技社团的组织章程，建立科技社团公共服务规章制度，优化科技社团的组织架构。同时，在科技社团内部建立监事会制度，加强自身自律机制建设，进一步完善科技社团内部信息公开制度，提升科技社团的社会公信力，进而完善科技社团自身的专业化水平。

3. 发挥科技社团专业化服务优势

在面向社会提供服务过程中，应加强科技社团专业化能力培育，发挥科技社团在科技类公共服务中的专业化优势。科技社团要对会员资源进行优化整合，构建科技社团专家库、人才库，对于科技社团内部人力资源进行科学合理的配置，切实将专业化人才用于专业化服务上，提升科技社团在科技类社会服务中的专业化服务水平。

4. 开展科技社团社会服务能力与公信力评估

引入第三方评估机构，对科技社团的社会服务能力进行综合评估。改变传统的科技社团评估模式，由政府部门委托第三方专业评估机构对科技社团的社会服务能力进行绩效评估，提升科技社团的社会服务能力。

在绩效评估体系构建上，要结合科技社团实际，建立符合科技社团的社会服务能力评估体系。在评估主体的选择上，可以从政府、高校（科研院所）、公民、社团会员以及企业等主体出发来对科技社团的社会服务能力进行综合评价，并制定科技社团的诚信评估机制，提升科技社团社会服务的公信力。同时，对于社会服务反响较好、综合能力较强的科技社团给予相应的奖励，对评估排名靠后或是处于"名存实亡"状态的科技社团，加大整治力度，坚决予以取缔。

此外，要进一步加强科技社团的公信力评估。公信力是科技社团发展壮大所必需的社会资本，在依法治国的背景下，我国科技社团从整体上来看法治化程度相对较低，与成熟型科技社团相差甚远，科技社团的社会公信力不足严重损害了科技社团的公众形象，不仅对建设法治型国家造成了严重的影响，同时也导致了科技社团的发展裹足不前，并形成恶性循环。当前，应进一步加强科技社团的诚信考核，构建科技社团诚信评价制度，并在法律上完善科技社团的守法诚信奖励机制和违法失信惩戒机制，对科技社团的诚信情况进行评级，对诚信等级较高的社团给予一定程度的支持和奖励。对于打着学术交流的幌子，进行乱拉赞助、乱给学分、乱评比等违法违规活动的科技社团进行严厉查处，促使科技社团依法运行。

第三节　保障措施

一、加强科技社团资源依赖行为监管

（一）加强法制宣传力度

法制秩序的构建需要正式制度的确立，同时也离不开非正式制度的支持。比建立法律更重要的是让科技社团认可法律。让科技社团在法制的轨道中运行首先要让其接受法律、尊重法律，需要在科技社团中建立相应的价值认同观念。当前，应进一步加强对科技社团的法制化宣传，党委、政府、相关宣传部门以及普法部门可以联合开展"法制进社团""廉政教育进社团"等一系列法制宣传活动，针对科技社团内部人员进行法制学习、考核等活动，从思想意识上对科技社团的管理人员以及会员进行法制教育，树立其"依法治社、依法运社"的思想意识，提高科技社团的守法意愿，强化科技社团管理成员的守法意识。

（二）构建相关法律法规体系

当前，我国在科技社团的培育扶持等方面取得了很大的进展，但是对于科技社团的治理机制建设则相对较为落后，治理机制与社团发展之间出现的矛盾将进一步阻碍科技社团的良性运转。应进一步加强具有针对性的科技社团法律法规建设，提高立法层次，并完善相应的法律法规配套措施。应逐步探索科技社团的行为标准，在法律法规中明确科技社团参与公共服务的边界及角色定位，不仅要在政府部门建立"权利清单"，还应在法律上对科技社团的"承接清单"进行规范，明确科技社团违法违规的行为责任，促使科技社团在法律的框架内运行发展。此外，在完善科技社团法律法规的基础上，也应进一步加强科技社团的法律执行力，进一步增强科技社团的法律法规执行力度，并在法律上对执法的主体机关以及执法的行政范围进行确定。

在科技社团资源依赖行为的保障措施中，首先要加强相关法律法规建设，对科技社团资源获取的原则、范围、对象以及边界进行规范，构建相关的法律法规，促使科技社团资源依赖行为依法运行。针对科技社团相关的法律法规建设，有助于科技社团的资源依赖行为有法可依、有法可行，保障其行为的合法性。特别是在市场经济环境下，对于科技社团生存发展所产生的资源依赖行为更需要完善相应的法律法规建设，对于一些不遵守法律法规的科技社团产生的"灰色依赖""利益合谋"行为要坚决予以惩处，促使科技社团的权力获取、资源获取在市场竞争下"阳光运行"。

（三）加强科技社团资源依赖行为过程监督

在推进科技社团市场化运行，面向社会开展资源获取的同时，要加强对科技社团资源依赖行为发生到资源获取的过程监管，通过公开其资源获取过程等方式，利用政府、媒体、公民等主体对其进行监督管理，加强其资源获取过程的合法性和规范性，规范其资源依赖行为。

过去，政府对于科技社团的治理主要是对其注册进行资格审核，对科技社团组织行为的监管也主要集中在对其每年所展开的活动进行年度考核，较少关注科技社团的资源依赖行为，导致了科技社团在资源获取方式上"各显神通"，更进一步造成了科技社团的"马太效应"，好的科技社团发展得越来越好，而差的科技社团越来越差，甚至无法获得正常的生存资源，生存空间被进一步压缩。因此，从宏观上看，要提升科技社团的整体生存能力，促进其均衡发展，则必须对科技社团的资源依赖行为进行过程监督，引导其合法化、规范化运行。

在完善科技社团法律法规的基础上，应进一步加强科技社团的内部自律机制建设。有效的内部自律机制是"依法治社"的有力保障，科技社团内部自律机制的完善可以有效地规避社会组织"一放就乱"的风险，科技社团应借鉴企业的模式在社团中建立"监事会"制度，制定科技社团重大事件、战略规划等议事规则，对科技社团的财务、人事、活动进行有效的监管，进一步完善科技社团的内部治理章程，对社团内部监督机构的职责、权利等进行规范，必要时可以聘请第三方机构对科技社团内部进行监督，由"领导治社""看人治社"向"民主治社""依法治社"转变。此外，对于科技社团组织成员的行为也应进一步规范，清退"红顶会长"，推行科技社团成员持证上岗制度，制定并完善具有法律效力的组织成员约束条例，以保证社团成员不利用公共资源、公共权力开展非法交易和非法活动。

同时，应进一步加强科技社团的信息化公开制度建设，在规定的法律法规框架范围内，对科技社团的财务、人事、活动等事项进行信息公开，对部分科技社团在活动中所取得的赞助费、咨询费、服务费等收费项目进行信息公开，并对科技社团的运行费用、管理费用、人员费用等开支项目通过网络等平台对社会公民进行公布，构建统一的科技社团信息公开平台。对于社团内部的重大事项决定应提前进行事前公示，接受社会和媒体的监督，促使科技社团的运行规范化和透明化，让科技社团在法律的框架下阳光运行。

（四）平衡科技社团"公益性"与"利益追逐"

政府等相关管理部门在科技社团市场化资源获取过程中，需要在其"公益性"和"利益收入"之间进行平衡，避免科技社团成为只追求经济利益的行动主体。从经济学的视角出发，科技社团在市场化环境下，将会以"理性经济人"的角色参加市场竞争，运用市场竞争手段获取生存资源。因此，在推进科技社团市场化生存的同时，将会在一定程度上带来科技社团公益性职能的缺失，造成科技社团的"志愿失灵"现象。政府在对科技社团进行培育和发展的同时，为了防止科技社团在资源获取过程中成为只追求经济利益的社会主体，可以通过对科技社团资金、利益分配等方面的监督，促使其收入等利益分配只用于支付专职工作人员工资、维持组织运行经费等，并结合行政手段，平衡科技社团的"公益性"与"利益追逐"。从"依法治社"出发，在完善科技社团外部监管机制方面，首先应在法律上明确科技社团的外部治理主体，确定科技社团的监管部门，在法律上明确登记管理机关、业务指导部门、挂靠单位的权利和职责，避免"政出多门""多头管理"，将科技社团的登记权、运行管理权、绩效评估权进行整合或分离。建议科技社团的运行管理由政府部门承担，绩效评估则聘请第三方独立、专业评估机构来对科技社团的运行绩效、运行结果进行科学评估，并逐步探索符合科技社团的政府、公民、企业、媒体以及相关社团互评的新型治理模式，充分利用网络等新媒体对科技社团进行监督，从而进一步在法律的框架下对科技社团进行法治化治理，促进科技社团的运营规范化。

二、营造科技社团资源获取环境

（一）完善科技社团资源扶持政策

在科技社团资源依赖行为优化的保障措施中，政府要进一步完善科技社团的资源扶持政策，支持科技社团的生存发展。在政策设计上，对具有独立生存意愿和生存能力的科技社团给予政策倾斜，对属于高新技术领域的科技社团加大政策扶持力度，允许其在市场竞争中优先获得资源。

同时，政府及相关部门对科技社团的直接性资源扶持政策要进一步减少，逐步减少政府对于科技社团的直接性财政拨款，转变政府及其他社会主体对于科技社团资源扶持的方式，完善科技社团在市场竞争中资源获取的相关规章制度，改变科技社团制度性依赖，减低其资源依赖惯性。通过政策来保障科技社团在现代社会经济中资源获取的便利性和多样性。

（二）完善科技社团税收优惠政策

在科技社团进行资源依赖转型的过程中，需要进一步完善科技社团的税收优惠政策。对科技社团在市场竞争中所获取的经费等方面收益给予税收优惠，结合科技社团社会服务综合评估结果，对于促进社会科技类事业发展的科技社团给予税收减免，推动科技社团参与市场化竞争来获取生存发展资源，激发科技社团的资源依赖行为由"被动获取"转向"主动竞争"，从而提升科技社团的组织活力。

政府及相关部门应进一步加强科技社团税收优惠政策的顶层设计，可以从科技社团的组织类型进行分类，分类制定相应的税收优惠标准，进一步加强对参与社会公益性科技类服务的科技社团给予税收优惠，激发科技社团的社会公益性服务意愿，多管齐下，保障科技社团资源依赖行为的科学转型，激发科技社团的生存活力，发挥科技社团在科技类社会服务中的积极作用。

（三）优化科技社团资源捐赠环境

政府在减少对科技社团直接性资源扶持的同时，要进一步优化科技社团的资源捐赠环境。在国外，科技社团资金来源渠道多样化，其中有很大一部分来自社会及企业的捐赠。我国当前对于科技社团资源捐赠的外部环境尚未形成，这也进一步导致了科技社团资源获取渠道狭窄、资源依赖行为异化等现象的发生。当前，政府不仅要将科技社团推向市场，促使其从市场竞争中获取生存资源，同时也要完善和优化科技社团的外部捐赠环境，对科技社团给予捐赠的主体，如企业和个人给予相应的政策优惠，从政策上引导和保障科技社团资源捐赠环境的形成。例如，对捐赠企业可以给予一定的税收优惠，对捐赠的个人可以给予相应的衍生奖励，提升社会对于科技社团的资源扶持力度，促进科技社团生存能力的提升。

三、构建科技社团"互联网＋"资源共享平台

（一）运用"互联网＋"手段，搭建科技社团资源交易平台

当前，对于科技社团资源依赖行为的保障措施可以从"互联网＋"模式出发，运用互联网手段，搭建科技社团资源交易平台，创新科技社团的资源获取模式。在传统模式下，科技社团针对政府、企业以及社会公民所提供的科技类社会公共服务必须通过面对面的交流来进行，而在互联网飞速发展的今天，可以利用"互联网＋社会服务"的模式来提升科技社团社会公共服务的效率，通过打造科技社团微信服务平台、微博服务平台及时开展科技类服务，建立科技社团移动终端 App。例如在科学普及等服务方面，公民只需要结合移动终端，就可以随时随地地获取科学技术知识。企业在该模式中，可以随时进行项目委托，并进行在线支付，不再受时间和空间的限制，大大提升科技社团的社会服务能力。在科技社团社会服务能力提升的同时，也将有效保障科技社团的资源获取效率。

（二）打造科技社团与外部组织间的资源"共建共享"网络平台

在互联网时代，科技社团在生存发展过程中，必须利用创新手段来提升自身的资源获取能力，转变传统的资源依赖模式。在资源依赖行为中，需要与外部组织，如政府、企业以及社会公民之间搭建一个共建共享的资源平台，打破资源流动壁垒，促进组织之间的资源有效配置。科技社团可以将自身的专家库、人才库、知识库放入共建共享平台中，打造互联网科技服务网络。而政府、企业以及社会公民也可以在该平台上进行项目委托招标，并及时寻找到自身所需要的专业型人才和专业化服务。同时，科技社团之间也可以在该平台上进行人才流通、资源互换，提升资源之间的交换效率，创新科技领域的资源交换模式。

（三）建立科技社团资源流动大数据治理平台

在科技社团资源共享平台的建设中，不仅需要加强科技社团的资源交易、共建共享网络平台建设，同时也需要对科技社团资源流动进行治理和

监督，促进科技社团资源交易以及资源共享规范化、可持续化发展。在互联网时代，可以充分利用大数据来搭建科技社团的资源流动治理平台，对科技社团线上、线下的资源交易过程和资源流动走向进行实时分析。通过大数据平台建设，不仅可以为科技社团资源共建共享给予大数据支撑，优化科技社团与外部环境之间的资源合理配置，同时也可以对科技社团的资源交易过程、交易行为等进行数据统计，为相关管理部门提供治理数据分析，提升政府对科技社团的治理效率，保障科技社团资源获取行为的有序运行。

综上所述，本章在前述章节的基础上，基于科技社团资源依赖行为所产生的困境，对科技社团资源依赖行为治理的合理路径进行了设计，并提出了具有针对性的对策建议和保障措施。在第一节，从意识培育、体制转变、机制完善以及政策保障四个方面，对科技社团资源依赖行为治理进行了顶层设计，从宏观上构建了科技社团资源依赖行为的"A－S－M－G治理路径"，为科技社团资源依赖行为治理的具体对策建议给予决策支撑；在第二节，结合科技社团资源依赖行为的"A－S－M－G治理路径"设计，提出了科技社团资源依赖行为治理的具体对策建议，认为当前应从培育科技社团"资源交换"意识出发，推动科技社团在市场竞争中获取生存发展资源，进一步构建和完善科技社团在市场化环境下的资源获取竞争机制，并对科技社团与政府、企业以及社会公民之间的非对称性资源依赖关系进行优化，从科技社团组织自身建设和社会服务能力建设出发，提升科技社团在市场化环境下的资源获取能力；在第三节，通过加强科技社团资源依赖行为监管，营造科技社团资源获取环境，以及构建科技社团"互联网＋"资源共享平台三种保障策略，从政府科技治理的视角出发，保障科技社团的资源依赖行为的有序运行和治理效率。

本书通过综合研究发现，科技社团的资源依赖行为维持着科技社团组织的生存，同时也将其带入了"资源依赖陷阱"。资源依赖行为在获取资源的同时，也将受到外部组织的控制。本书从资源依赖理论、组织生命周期理论、组织行为理论以及社会资本理论出发，试图探寻科技社团的资源依赖行为是如何影响着科技社团的生存发展的。为了解决这一困境，需要回答科技社团资源依赖行为研究中的几个核心问题：科技社团资源依赖行为是什么？当前科技社团在不同的资源获取模式下将会采取怎样的资源依赖行为？科技社团资源依赖行为为什么发生？科技社团的资源依赖行为动因是什么？在不同的组织生命周期阶段，科技社团资源依赖行为动因将受到哪些因素的影响？科技社团的资源依赖行为怎样发生？不同的资源依赖行为将会给科技社团带来怎样的资源依赖效果和困境？不同的资源依赖行为过程是什么？什么样的资源依赖行为能够提升科技社团的资源获取效率，避免陷入"资源依赖陷阱"？如何对科技社团的资源获取效率进行提升，保障科技社团在市场化环境下的生存发展？本书在研究中通过案例分析和定量研究相结合的方法对科技社团资源依赖行为的相关问题进行了探讨和分析，得到的主要结论如下：

第一，科技社团在资源依赖行为中，并不完全是单一性的资源索取，部分科技社团同时也通过对外的服务来与外部环境（组织）间进行资源互换。其行为受到组织体制和外部环境的共同影响，在直接性资源索取模式下，科技社团将会采取"依附行为"来获取组织生存资源。在间接性资源互换模式下，科技社团将会采取"服务行为"来与外部组织间进行资源互换，从而获得生存资源。同时，在与外部组织进行资源互换的过程中，部分科技社团还会采取合作性资源共获模式，通过"合谋行为"进行组织资源获取。

第二，当前，我国基层科技社团仍然处于萌芽期和发展期，整体生存能力还较为弱小，资源依赖行为的主要目的仍然是为了获得基本的生存资源，而政策资源、资金资源、人力资源、合法性资源以及公信力资源是科技社团生存发展中所需要的主要资源。其中，资金与人才仍然是当前我国科技社团生存发展中遇到的"资源瓶颈"。科技社团在资源获取中，将采取不同的资源依赖行为来向政府、企业、高校及科研院所、社会公民以及媒体进行资源依赖和资源获取。

第三，从整体上看，科技社团的资源依赖行为受到组织自身和外部环境因素的共同影响。但在不同的组织生命周期阶段，科技社团资源依赖行为的动因不同。在萌芽阶段，政府及挂靠单位的资源持续性供给，造成了其资源依赖惰性，资源路径依赖直接作用于其资源依赖行为的产生。萌芽期科技社团资源依赖行为的动因更容易受到其"生存需要"的影响。在发展阶段，科技社团基础性生存资源已经能够维持其组织独立运行，组织具备了向外部环境寻找替代资源的能力。但同时，政策性约束是导致发展期科技社团进行资源依赖行为的主要原因，发展期的科技社团在资源依赖上更加依赖于权威部门的政策性资源赋予，对于发展期的科技社团来说，资源依赖行为将会受到其行为动因的驱动而进行转化。

第四，通过"A－S－C"资源依赖行为过程模型和科技社团资源依赖行为综合评价发现，依附行为获取资源的效率最低，服务行为获取资源的效率其次，而采取合谋行为的科技社团资源获取效率最高，科技社团现有的资源依赖行为并不能有序地推动科技社团组织的健康发展。采取"依附行为"和"合谋行为"的科技社团在资源获取过程中，随着外部环境的不断变化，其资源依赖行为选择所带来的影响将大于其所获得的收益。而采取"服务行为"的科技社团在资源获取过程中，在非对称性资源依赖等资源获取困境的影响下，如果不继续维持组织资源获取手段和组织行为观念，其行为在经济利益的驱动下将会向"合谋行为"转化。

第五，维持依赖现状或许是科技社团在"依附行为"中获取资源的最佳方式，也是科技社团在没有面向市场转型的最优资源依赖策略选择。如果外部环境不发生改变，"依附行为"不会向"服务行为"和"合谋行为"转化。在科技社团资源持续供给和没有对外服务的情况下，科技社团的资源依赖行为将继续发生。"依附行为"的科技社团组织抗风险能力最低，在外部环境发生变化时，将会对科技社团的资源依赖现状产生冲击，导致科技社团的外部资源停止供给，由于科技社团在该行为下没有对外的公共服务，多重因素的共同影响将导致科技社团资源依赖行为停止，生存资源缺失，将最终造成科技社团的组织"消亡"。

第六，"服务行为"和"合谋行为"同样是政府在将科技社团推向市场过程中，科技社团所采取的资源获取方式，但由于组织的发展规模以及资源依赖行为理念的不同，给科技社团带来了不同的资源依赖行为选择。采取"服务行为"和"合谋行为"进行资源依赖的科技社团组织抗风险能力较强，无论外部环境是否发生变化，都将会继续采取寻找替代资源、转变依赖类型的行为选择来维持组织自身的发展。但政府对于面向社会服务和市场需求转型的科技社团，在政策扶持力度上仍然不够。在"非对称性依赖"资源依赖行为困境的发生上，对于采取"服务行为"通过市场竞争获取生存资源的科技社团来说，影响较大。而对于采取"合谋行为"的科技社团来说，虽然有一定的影响，但由于其组织主要生存性收入并不是来源于完全市场竞争背景下的社会服务，对其影响并不是很大，这在一定程度上将会影响科技社团的"公益性"属性和面向社会进行公共服务的意愿。

第七，当前，政府在体制上对于科技社团的限制依然存在，职能转移意愿性不强，部分单位在科技类公共服务职能转移上仍然试图通过控制科技社团来进行自身合法性功能的延伸，这与我国推动科技社团面向社会进行服务的要求相差甚远。在对科技社团的管理上，仍然存在着"治理缺位"，忽视了对其组织行为过程的监管。政府等相关科技社团管理部门主要从登记成立出发，来对其合法性进行规范化管理，在这样一种模式下，只要科技社团不采取违反国家法律的组织行为和组织活动，则不会被管理部门取缔，这就导致了科技社团"名存实亡"现象的发生。同时，对科技社团"治理缺位"，也造成了科技社团组织发展的乱象。

第八，对于科技社团资源依赖行为的治理，需要从意识培育、体制转变、机制完善以及政策保障四个方面出发，对科技社团的资源依赖行为进行优化和治理。从政府视角看，需要培育科技社团"资源交换"意识，推动科技社团在市场竞争中获取生存发展资源，对科技社团"松绑"，而非"招安"，进一步构建和完善科技社团在市场化环境下的资源获取竞争机制和资源获取环境，并对科技社团与外部组织之间的非对称性资源依赖关系进行优化。从科技社团自身来看，应加强自身能力建设，在提升组织自身社会服务能力的同时，加强在市场化环境下的独立资源获取行为。从社会视角来看，需要与政府合作，共同参与对科技社团资源依赖行为的过程监管，为科技社团营造一个良好的外部资源获取环境。同时，从科技协同治理的视角出发，通过建立科技社团资源交易平台、科技社团"互联网＋"

资源共享平台、科技社团资源流动大数据治理平台等方式，来保障科技社团的资源依赖行为的有序运行。

从资源依赖的视角来研究科技社团的资源获取行为是一个复杂而新颖的研究课题，本书在研究中只是做了初步性的探索，旨在为今后对于科技社团以及社会组织行为的深入研究做一个铺垫，抛砖引玉，吸引更多的学者对这一研究主题进行更为深入的学术探讨，从研究组织关系转向社会组织的行为研究。在本书中，由于笔者的知识水平和学术功底有限，面对科技社团这一复杂的研究对象，在研究中还存在着一定的不足，有待今后开展更为深入的研究探索。未来的研究方向主要集中在以下几个方面：

第一，本书首次采用资源依赖的视角尝试研究科技社团的资源依赖行为问题，这一研究视角和研究思路在学术研究中并不多见，研究结果对于推动科技社团资源依赖行为的转型发展，在现实中能否得到有效发挥和实际运用，还需要进一步的实践检验。

第二，科技社团的资源依赖行为是一个极为复杂的研究对象，其行为受到外部环境和国家政策等多方面的影响，特别是在国家大力推动政府与科技社团相脱钩的背景下，科技社团资源依赖行为的规律、特征将不断发生着变化，科技社团未来的生存发展资源在哪里？什么样的资源依赖行为更能够推动科技社团的发展，与外部组织之间如何进行利益平衡？在未来的研究中，我们将不断地进行研究和关注。

第三，本书的研究重点主要从科技社团这一行为主体出发，对于科技社团与外部组织之间的资源互动没有进行过多的探讨，在这一方面值得继续深入研究。

第四，本书在外部组织对科技社团的控制程度上，没有进行深入的量化分析。在资源依赖行为中，外部组织的控制程度大小，将会对科技社团的资源依赖行为产生非常重要的影响，同时，外部控制影响着科技社团的生存发展，这也是今后非常有意义的研究方向。

第五，对于科技社团资源依赖行为过程模型还有待进一步深化，对于该模型是否适用所有类型的科技社团，在未来的研究中还需要进一步的实证检验和模型修正。

第六，对科技社团资源依赖行为评价的体系构建、评价视角等后续问题还有待思考。从评价的功能上看，只是一种手段而非一种目的。因此，如何进一步对科技社团的资源依赖行为展开科学有效的评价，除了从其行为获取资源的效率上进行评价外，是否还有其他的研究视角和研究方法，在未来的研究中都是值得进一步思考的问题。

参考文献

白贵玉，徐鹏，2019. 管理层权力、研发决策与企业成长——来自中国民营上市公司的
　　经验证据 [J]. 科技进步与对策 (9)：110 - 117.

毕素华，2017. 中国语境下社会组织与政府关系再探讨：以慈善机构为例 [J]. 山东
　　社会科学 (1)：175 - 180.

边燕杰，王文彬，张磊，等，2012. 跨体制社会资本及其收入回报 [J]. 中国社会科学
　　(2)：110 - 126, 207.

蔡宁，张玉婷，沈奇泰松，2018. 政治关联如何影响社会组织有效性？——组织自主性
　　的中介作用和制度支持的调节作用 [J]. 浙江大学学报 (人文社会科学版)，(1)：
　　61 - 72.

蔡宁，孙文文，沈奇泰松，2012. 社会企业研究述评与展望 [J]. 科技管理研究
　　(14)：131 - 135.

曹爱军，方晓彤，2019. 社会治理与社会组织成长制度构建 [J]. 甘肃社会科学 (2)：
　　94 - 100.

曹飞廉，2013. 论当代中国社会组织在社会建设中的主体地位 [J]. 华东理工大学学
　　报 (社会科学版) (2)：36 - 47.

曹裕，陈晓红，王傅强，2009. 我国企业不同生命周期阶段竞争力演化模式实证研究
　　[J]. 统计研究 (1)：87 - 95.

曾婧婧，钟书华，2011. 论科技治理工具 [J]. 科学学研究 (6)：801 - 807.

陈光，李炎卓，2017. 行业标准的制定：从政府主导到行业协会主导 [J]. 科技与法
　　律 (6)：85 - 94.

陈建国，李娉，2018. 科技社团人力资源队伍专业化对其承接政府转移职能的影响——
　　基于调查问卷的实证分析 [J]. 行政科学论坛 (1)：53 - 57.

陈建国，李娉，2016. 政府与科技社团在科技奖励中的合作治理 [J]. 行政科学论坛

（11）：30 – 36.

陈建国，李娉，冯海群，2015. 认知差异视角下的政府职能转移问题——基于政府官员
　和科技社团负责人的实证分析 ［J］. 理论探索（5）：88 – 93.

陈建国，2015. 政社关系与科技社团承接职能转移的差异——基于调查问卷的实证分析
　［J］. 中国行政管理（5）：38 – 43.

陈建国，2014. 科技事务属性与政府科技社团关系改革的方向 ［J］. 甘肃社会科学
　（6）：199 – 202.

陈姗姗，张向前，2018. 中国特色科技类社会组织发展战略研究 ［J］. 中国科技论坛
　（7）：1 – 8.

陈天祥，朱琴. 2019. 资源非对称性依赖下的社区良治何以可能 ［J］. 中共中央党校
　（国家行政学院）学报，（3）：98 – 105.

陈天祥，贾晶晶，2017. 科层抑或市场？——社会服务项目制下的政府行动策略 ［J］.
　中山大学学报（社会科学版），（3）：151 – 159.

陈天祥，徐于琳，2011. 游走于国家与社会之间：草根志愿组织的行动策略——以广州
　启智队为例 ［J］. 中山大学学报（社会科学版），（1）：155 – 168.

陈万思，余彦儒，2010. 国外参与式管理研究述评 ［J］. 管理评论（4）：73 – 81.

陈为雷，2014. 政府和非营利组织项目运作机制、策略和逻辑——对政府购买社会工作
　服务项目的社会学分析 ［J］. 公共管理学报（3）：93 – 105，142 – 143.

陈为雷，2013 从关系研究到行动策略研究——近年来我国非营利组织研究述评 ［J］.
　社会学研究（1）：228 – 240，246.

陈晓红，彭佳，吴小瑾，2004. 基于突变级数法的中小企业成长性评价模型研究 ［J］.
　财经研究（11）：5 – 15.

陈振明，1998. 公共管理学 ［M］. 北京：中国人民大学出版社.

程维红，任胜利，王应宽，等，2008. 国外科技期刊的在线出版——基于对国际性出版
　商和知名科技社团网络平台的分析 ［J］. 中国科技期刊研究（6）：948 – 953.

崔玉开，2010. "枢纽型"社会组织：背景、概念与意义 ［J］. 甘肃理论学刊（5）：
　75 – 78.

邓国胜，2010. 政府与 NGO 的关系：改革的方向与路径 ［J］. 中国行政管理（4）：
　32 – 35.

邓国胜，2006. 中国社会团体的贡献及国际比较 ［J］. 中国行政管理（3）：59 – 62.

邓建平，曾勇，2009. 政治关联能改善民营企业的经营绩效吗 ［J］. 中国工业经济

（2）：98 – 108.

邓莉雅，王金红，2004. 中国 NGO 生存与发展的制约因素——以广东番禺打工族文书
　　处理服务部为例 ［J］. 社会学研究 (2)：89 – 97.

邓敏，徐光华，钟马，2018. 非营利组织社会责任驱动因素研究：基于 81 所部属高校
　　的证据 ［J］. 贵州财经大学学报 (4)：63 – 70.

邓宁华，2011. "寄居蟹的艺术"：体制内社会组织的环境适应策略——对天津市两个
　　省级组织的个案研究 ［J］. 公共管理学 (3)：91 – 101，127.

邓锁，2004. 开放组织的权力与合法性——对资源依赖与新制度主义组织理论的比较
　　［J］. 华中科技大学学报 (社会科学版)，(4)：51 – 55.

董立人，刘冉，2018. 提高科技社团承接政府职能转移绩效研究 ［J］. 行政管理改革
　　(12)：70 – 74.

杜兰英，赵芬芬，侯俊东，2012. 基于感知视角的非营利组织服务质量、捐赠效用对个
　　人捐赠意愿影响研究 ［J］. 管理学报 (1)：89 – 96.

范明林，2010. 非政府组织与政府的互动关系——基于法团主义和市民社会视角的比较
　　个案研究 ［J］. 社会学研究 (3)：159 – 176，245.

方亚琴，夏建中，2014. 城市社区社会资本测量 ［J］. 城市问题 (4)：60 – 66.

费显政，2005. 资源依赖学派之组织与环境关系理论评介 ［J］. 武汉大学学报 (哲学
　　社会科学版)，(4)：451 – 455.

冯文敏，2012. 资源依赖与民间图书馆的行动策略——以立人乡村图书馆为例 ［J］.
　　图书馆杂志 (11)：8 – 14.

福山 F，2015. 政治秩序与政治衰败 ［M］. 毛俊杰，译. 南宁：广西师范大学出版社.

泰勒 F W，2013. 科学管理原理 ［M］. 肖刚，译. 北京：中国经济出版社.

甘思德，邓国胜，2012. 行业协会的游说行为及其影响因素分析 ［J］. 经济社会体制
　　比较，(4)：147 – 156.

高丙中，2000. 社会团体的合法性问题 ［J］. 中国社会科学 (2)：100 – 109，207.

高华，2007. 我国科技社团发展中存在问题、成因及对策研究 ［D］. 山东：山东大学.

龚勤，沈悦林，严晨安，2012. 科技社团承接政府职能转移的相关政策研究——以杭州
　　市为例 ［J］. 科技管理研究 (6)：16 – 20，26.

谷小翠，2008. 非营利组织产品生命周期阶段性营销战略 ［J］. 理论观察 (1)：
　　78 – 79.

郭建斌，2005. 科技社团在改革发展中面临的问题及对策 ［J］. 学会 (10)：18 – 19.

郭梅,杨韬,张同建,等,2015. 研发人员分配公平、敬业度与成功智力相关性研究——基于亚当斯分配公平思想的数据检验 [J]. 科技管理研究 (22):121-126.

郭小聪,宁超,2017. 互益性依赖:国家与社会"双向运动"的新思路——基于我国行业协会发展现状的一种解释 [J]. 学术界 (4):60-71,321.

郭毅,徐莹,陈欣,2007. 新制度主义:理论评述及其对组织研究的贡献 [J]. 社会 (1):14-40,206.

何水,2013. 中国社会组织:成长历程与现状透视 [J]. 理论导刊 (5):21-23,112.

何艳玲,周晓锋,张鹏举,2009. 边缘草根组织的行动策略及其解释 [J]. 公共管理学报 (1):48-54,124-125.

和经纬,黄培茹,黄慧,2009. 在资源与制度之间:农民工草根 NGO 的生存策略以珠三角农民工维权 NGO 为例 [J]. 社会 (6):1-21,222.

贺立平,2002. 边缘替代:对中国社团的经济与政治分析 [J]. 中山大学学报(社会科学版),(6):114-121.

胡经纬,2018. 武汉市科技社团内部治理结构改革研究 [D]. 湖北:华中科技大学.

胡望斌,张玉利,牛芳,2009. 我国新企业创业导向、动态能力与企业成长关系实证研究 [J]. 中国软科学 (4):107-118.

胡杨成,蔡宁,2008. 资源依赖视角下的非营利组织市场导向动因探析 [J]. 社会科学家 (3):120-123.

胡重明,2020. 社会治理中的技术、权力与组织变迁——以浙江为例 [J]. 求实 (1):49-61,110-111.

黄浩明,刘银托,2012. 科技类社会团体发展报告 [J]. 学会 (6):3-12.

黄浩明,赵国杰,2011. 现代科技革命与科技社团的国际合作 [J]. 中国农业大学学报(社会科学版),(2):41-47.

黄琴,刘松年,张太玲,等,2008. 美、德及香港地区科技社团运行案例分析及其启示 [J]. 管理观察 (23):248-250.

黄珊珊,阮泰琪,周向阳,等.2008. 武汉市科技社团学术交流活动实证研究 [J]. 科技管理研究,(4):263-266.

黄晓春,2017. 中国社会组织成长条件的再思考——一个总体性理论视角 [J]. 社会学研究 (1):101-124,244.

黄一松,2018. 政治关联程度、政治关联成本与企业税收优惠关系 [J]. 江西社会科学 (2):50-59.

吉鹏, 2019. 购买服务背景下政府与社会组织的互动嵌入: 行为过程、负面效应及优化路径 [J]. 求实 (1): 74 – 83, 111 – 112.

季良玉, 李廉水, 2016. 中国制造业产业生命周期研究——基于 1993—2014 年数据的分析 [J]. 河海大学学报 (哲学社会科学版), (1): 30 – 37, 90.

贾生华, 吴波, 王承哲, 2007. 资源依赖、关系质量对联盟绩效影响的实证研究 [J]. 科学学研究 (2): 334 – 339.

贾西津, 2004. 国外非营利组织管理体制及其对中国的启示 [J]. 社会科学 (4): 45 – 50.

江华, 张建民, 周莹, 2011. 利益契合: 转型期中国国家与社会关系的一个分析框架——以行业组织政策参与为案例 [J]. 社会学研究 (3): 136 – 152, 245.

姜裕富, 2011. 农村基层党组织与农民专业合作社的关系研究——基于资源依赖理论的视角 [J]. 社会主义研究 (5): 58 – 61.

金辉, 钱焱, 2006. 团队生命周期的模型修正 [J]. 科学学与科学技术管理 (3): 119 – 122.

敬乂嘉, 2011. 社会服务中的公共非营利合作关系研究——一个基于地方改革实践的分析 [J]. 公共行政评论 (5): 5 – 25.

康伟, 陈茜, 陈波, 2014. 公共管理研究领域中的社会网络分析 [J]. 公共行政评论 (6): 129 – 151, 166.

康晓光, 2011. 依附式发展的第三部门 [M]. 北京: 社会科学文献出版社.

雷育林, 2008. 科技社团社会公信力生成机制探析 [J]. 东南大学学报 (哲学社会科学版), (S1): 48 – 50.

冷向明, 张津, 2019. 半嵌入性合作: 社会组织发展策略的一种新诠释——以 W 市 C 社会组织为例 [J]. 华中师范大学学报 (人文社会科学版), (3): 20 – 28.

李贲, 吴利华, 2018. 开发区设立与企业成长: 异质性与机制研究 [J]. 中国工业经济 (4): 79 – 97.

李春琦, 石磊, 2001. 国外企业激励理论述评 [J]. 经济学动态 (6): 61 – 66.

李凤琴, 2011. "资源依赖" 视角下政府与 NGO 的合作——以南京市鼓楼区为例 [J]. 理论探索 (5): 117 – 120.

李国武, 李璐, 2011. 社会需求、资源供给、制度变迁与民间组织发展——基于中国省级经验的实证研究 [J]. 社会 (6): 74 – 102.

李国武, 2012. 制度约束下的组织间依赖——政府官员在行业协会任职现象分析 [J].

江苏行政学院学报（4）：75 – 80.

李汉林，李路路，1999. 资源与交换——中国单位组织中的依赖性结构［J］. 社会学研究（4）：46 – 65.

李慧凤，2014. 公共治理视域下的社会管理行为优化［J］. 中国人民大学学报（2）：22 – 30.

李健，陈淑娟，2017. 如何提升非营利组织与企业合作绩效？——基于资源依赖与社会资本的双重视角［J］. 公共管理学报（2）：71 – 80，156.

李靖，高崴，2011. 第三部门参与：科技体制创新的多元化模式［J］. 科学学研究（5）：658 – 664.

李静，焦文敬，2018. 科技社团社会价值及其持续发展研究［J］. 经济师（7）：19 – 22.

李琳，2011. 我国科技社团期刊的现状分析与发展策略［J］. 中国科技期刊研究（3）：353 – 355.

李猛，2012. "社会"的构成：自然法与现代社会理论的基础［J］. 中国社会科学（10）：87 – 106，206 – 207.

李朔严，2017. 政治关联会影响中国草根 NGO 的政策倡导吗？——基于组织理论视野的多案例比较［J］. 公共管理学报（2）：59 – 70，155.

李松龄，2019. 社会资本理论的辩证认识与现实意义［J］. 贵州社会科学（1）：125 – 133.

李文钊，蔡长昆，2012. 政治制度结构、社会资本与公共治理制度选择［J］. 管理世界（8）：43 – 54.

李学楠，2014. 行业协会的效能与资源依赖——一项基于上海市的实证研究［J］. 广东行政学院学报（1）：16 – 21.

李学楠，2015. 政社合作中资源依赖与权力平衡——基于上海市行业协会的调查分析［J］. 社会科学（5）：27 – 36.

李嫣然，2018. 社会组织成长的影响因素研究［J］. 东岳论丛（8）：136 – 148.

李研，李哲，2015. 科技类社会组织发展思路与对策研究［J］. 科研管理（11）：124 – 130.

李研，梁洪力，2014. 科技类社会组织在建设区域创新体系中的作用——以中关村为例［J］. 中国科技论坛（2）：22 – 26.

李祎礽，2018. 基于组织生命周期视角的非营利组织发展历程及影响因素研究［D］.

广州：华南理工大学.

李熠煜，佘珍艳，2014. 资源依赖视角下农村社会组织发展模式研究 [J]. 湘潭大学学报（哲学社会科学版），(2)：69 – 73.

达夫特 R L，2003. 组织理论与设计（第 7 版）[M]. 王凤彬，张秀萍，译. 北京：清华大学出版社.

梁纯平，1999. 农村科普：让人欣喜让人忧——江西资溪县株溪林场上株溪村、下株溪村科普工作调查 [J]. 科协论坛 (4)：16 – 18.

梁巧，2016. 荷兰合作社法律概况 [J]. 中国农民合作社 (10)：23.

梁灼彪，2019. 资源依赖视角下基层政府与社会组织的关系——一个政府购买服务项目的个案分析 [J]. 中国研究 (2)：52 – 74，227 – 228.

廖静如，2014. 政府与民间慈善组织的资源依赖关系研究——以对孤残儿童的救助为例 [J]. 兰州学刊 (7)：124 – 130.

林南，牛喜霞，2003. 资本理论的社会学转向 [J]. 社会 (7)：29 – 33.

林南，2005. 社会资本：关于社会结构与行动的理论 [M]. 张磊，译. 上海：上海人民出版社.

林润辉，谢宗晓，李娅，等，2015. 政治关联、政府补助与环境信息披露——资源依赖理论视角 [J]. 公共管理学报 (2)：30 – 41，154 – 155.

刘崇俊，2012. 科学社会研究的"实践转向"——布尔迪厄的科学实践社会学理论初探 [J]. 科学学研究 (11)：1607 – 1613.

刘春平，2019. 回眸百年再启程：中国科技社团发展的历史进程与主要贡献 [J]. 科技导报 (9)：38 – 44.

刘春湘，曾芳，2018. 生命周期视角下制度环境对社会组织活力的影响 [J]. 湖南社会科学 (5)：149 – 156.

刘丽珑，李建发，2015. 非营利组织信息透明度改进研究——基于全国性基金会的经验证据 [J]. 厦门大学学报（哲学社会科学版）(6)：91 – 101.

刘林，2018. 企业家多重政治联系与企业绩效关系：超可加性、次可加性或不可加性 [J]. 系统管理学报 (3)：433 – 451.

刘鹏，2011. 从分类控制走向嵌入型监管：地方政府社会组织管理政策创新 [J]. 中国人民大学学报 (5)：91 – 99.

刘少杰，2004. 以行动与结构互动为基础的社会资本研究——评林南社会资本理论的方法原则和理论视野 [J]. 国外社会科学 (2)：21 – 28.

刘小元，蓝子淇，葛建新，2019. 机会共创行为对社会企业成长的影响研究——企业资源的调节作用 [J]. 研究与发展管理 (1)：21 – 32.

刘欣，2003. 阶级惯习与品味：布迪厄的阶级理论 [J]. 社会学研究 (6)：33 – 42.

刘玉焕，井润田，卢芳妹，2014. 混合社会组织合法性的获取：基于壹基金的案例研究 [J]. 中国软科学 (6)：67 – 80.

龙永红，2011. 官办慈善组织的资源动员：体制依赖及其转型 [J]. 学习与实践 (10)：80 – 87.

娄胜华，2019. 澳门科技社团：发展历程与功能特征 [J]. 科技导报 (23)：76 – 85.

卢玮静，赵小平，2016. 两种价值观下社会组织的生命轨迹比较——基于 M 市草根组织的多案例分析 [J]. 清华大学学报（哲学社会科学版），(5)：181 – 192, 197.

鲁云鹏，2019. 科技社团治理：内涵、问题与实现 [J]. 中国科技论坛 (11)：1 – 9.

栾晓峰，2017. "社会内生型" 社会组织孵化器及其建构 [J]. 中国行政管理 (3)：44 – 50.

帕特南 R D，2001. 使民主运转起来 [M]. 王列，赖海榕，译. 南昌：江西人民出版社.

罗珉，2003. 管理学范式理论研究 [M]. 成都：四川人民出版社.

罗明新，马钦海，胡彦斌，2013. 政治关联与企业技术创新绩效——研发投资的中介作用研究 [J]. 科学学研究 (6)：938 – 947.

罗翊葎，2015. 领导者政治关联对社会组织绩效的影响研究 [J]. 学理论 (19)：113 – 115.

韦伯 M，2000. 社会学的基本概念 [M]. 胡景北，译. 上海：上海人民出版社.

马立，曹锦清，2014. 基层社会组织生长的政策支持：基于资源依赖的视角 [J]. 上海行政学院学报 (6)：71 – 77.

马丽丽，田淑芳，王娜，2013. 基于层次分析与模糊数学综合评判法的矿区生态环境评价 [J]. 国土资源遥感 (3)：165 – 170.

马迎贤，2005. 非营利组织理事会：一个资源依赖视角的解释 [J]. 经济社会体制比较 (4)：81 – 86.

马迎贤，2004. 组织间关系：资源依赖理论的历史演进 [J]. 社会 (7)：33 – 38.

乜琪，2013. 依赖与自治：防艾草根 NGO 的二维运行困境 [J]. 公共管理学报 (2)：85 – 93, 141.

潘建红，卢佩玲，2018. 多元治理与科技社团公信力提升 [J]. 科学管理研究

（4）：13 – 16.

潘建红，石珂，2015. 国家治理中科技社团的角色缺位与行动策略——以湖北省为例 [J]. 北京科技大学学报（社会科学版），（3）：87 – 96.

潘建红，武宏齐，2016. 论科技社团推动创新驱动发展战略的实践选择 [J]. 求实 （9）：46 – 53.

潘建红，杨利利，2019. 科技成果转化中科技社团的功能定位与实践策略 [J]. 科学 管理研究（3）：42 – 45.

潘建红，张怀艺，2018. 基于结构 – 功能分析的科技社团推进国家治理 [J]. 中国科 技论坛（12）：9 – 15.

戚敏，2008. 科技社团参与决策咨询的重要作用 [J]. 学会（9）：22 – 24.

戚涌，李千目，2009. 科学研究绩效评价的理论与方法 [M]. 北京：科学出版社,.

梅奥 G E，2013a. 工业文明的人类问题 [M]. 陆小斌，译. 北京：电子工业出版社.

梅奥 G E，2013b. 工业文明的社会问题 [M]. 张爱民，译. 北京：北京理工大学出 版社.

沈恒超，贾西津，2003. 官办行业协会：何去何从 [J]. 社会（8）：35 – 36.

孙发锋，2019. 依附换资源：我国社会组织的策略性生存方式 [J]. 河南社会科学 （5）：18 – 24.

孙欢，2017. 资源依赖：我国社会组织自治权保障的一个框架 [J]. 甘肃理论学刊 （1）：122 – 130.

孙莉莉，2011. 行动者及其行动能力 [D]. 上海：上海大学.

孙录宝，2019. 科技社团在经济高质量发展中的作用研究 [J]. 学会（6）：16 – 24.

孙纬业，2018. 当代发达国家科技社团社会功能研究 [J]. 学会（2）：5 – 13.

帕森斯 T，2003. 社会行动的结构 [M]. 张明德，夏翼南，彭刚，译. 南京：译林出 版社.

谈毅，慕继丰，2008. 论合同治理和关系治理的互补性与有效性 [J]. 公共管理学报 （3）：56 – 62，124.

唐文玉，马西恒，2011. 去政治的自主性：民办社会组织的生存策略——以恩派 （NPI）公益组织发展中心为例 [J]. 浙江社会科学（10）：58 – 65，89，157.

陶春，李正风，2012. 对科技社团决策咨询研究综述 [J]. 学会（11）：9 – 12.

田德录，2010. 我国政府科技计划绩效评估理论与实践 [J]. 中国科技论坛（4）： 37 – 40.

田凯, 2004. 组织外形化: 非协调约束下的组织运作——一个研究中国慈善组织与政府关系的理论框架 [J]. 社会学研究 (4): 64 – 75.

田小彪, 2014. 社会组织承接政府职能的制度分析 [J]. 理论界 (2): 61 – 64.

万玲, 2018. 资源获取与社会组织的可持续发展——基于两种不同类型社会组织的对比分析 [J]. 成都行政学院学报 (5): 66 – 69.

万兴旺, 赵乐, 侯璟琼, 等, 2009. 英国科技社团在科学传播和科学教育中的作用及启示 [J]. 学会 (4): 12 – 18, 26.

汪锦军, 张长东, 2014. 纵向横向网络中的社会组织与政府互动机制——基于行业协会行为策略的多案例比较研究 [J]. 公共行政评论 (5): 88 – 108, 190 – 191.

汪锦军, 2009. 公共服务中的政府与非营利组织合作: 三种模式分析 [J]. 中国行政管理 (10): 77 – 80.

汪锦军, 2008. 浙江政府与民间组织的互动机制: 资源依赖理论的分析 [J]. 浙江社会科学 (9): 31 – 37, 124.

汪仕凯, 2014. 后发展国家的治理能力: 一个初步的理论框架 [J]. 复旦学报 (社会科学版), (3): 161 – 168.

王春法, 2012. 关于科技社团在国家创新体系中地位和作用的几点思考 [J]. 科学学研究 (10): 1445 – 1448.

王建州, 2013. 正确理解社会组织的内涵、特征和作用 [J]. 河南科技学院学报 (1): 74 – 76.

王敏珍, 2011. 科技社团与政府关系研究 [D]. 湖北: 华中科技大学.

王名, 乐园, 2008. 中国民间组织参与公共服务购买的模式分析 [J]. 中共浙江省委党校学报 (4): 5 – 13.

王名, 2006. 非营利组织的社会功能及其分类 [J]. 学术月刊 (9): 8 – 11.

王名, 贾西津, 2002. 中国 NGO 的发展分析 [J]. 管理世界 (8): 30 – 43, 154 – 155.

王绍光, 2014. 社会建设的方向: "公民社会" 还是人民社会? [J]. 开放时代 (6): 26 – 48, 5.

王绍光, 2002. 国家汲取能力的建设——中华人民共和国成立初期的经验 [J]. 中国社会科学 (1): 77 – 93, 207.

王诗宗, 宋程成, 许鹿, 2014. 中国社会组织多重特征的机制性分析 [J]. 中国社会科学 (12): 42 – 59, 206.

王诗宗, 宋程成, 2013. 独立抑或自主: 中国社会组织特征问题重思 [J]. 中国社会

科学 (5)：50 - 66，205.

王伟进，2015. 一种强关系：自上而下型行业协会与政府关系探析 [J]. 中国行政管理 (2)：59 - 64.

王兴成，1995. 科技社团活动的时空分析——农科学会、医科学会、交叉科学学会活动的异同研究 [J]. 世界科技研究与发展 (6)：42 - 45.

危怀安，吴秋凤，刘薛，2012. 促进科技社团发展的税收支持政策创新 [J]. 科技进步与对策 (5)：108 - 112.

韦影，2007. 企业社会资本的测量研究 [J]. 科学学研究 (3)：518 - 522.

吴剑平，2012. 中国社会转型中的政府俘获行为研究 [D]. 武汉：华中科技大学.

吴磊，谢璨夷，2019. 社会组织与企业的合作模式、实践困境及其超越——基于资源依赖视角 [J]. 广西社会科学 (9)：44 - 49.

吴小节，杨书燕，汪秀琼，2015. 资源依赖理论在组织管理研究中的应用现状评估——基于 111 种经济管理类学术期刊的文献计量分析 [J]. 管理学报 (1)：61 - 71.

吴月，2018. 非协同治理：社会组织发展中的政府行为及其逻辑 [J]. 理论月刊 (10)：138 - 144.

吴正刚，韩玉启，周业铮，2003. 能力型企业组织的生命周期模型研究 [J]. 管理评论 (10)：11 - 14，63.

吴忠民，2008. 精英群体的基本特征及其他 [J]. 中共中央党校学报 (2)：94 - 98.

西桂权，丛琳，付宏，2018. 我国科技社团智库的建设路径研究 [J]. 智库理论与实践 (3)：1 - 7.

谢永平，孙永磊，张浩淼，2014. 资源依赖、关系治理与技术创新网络企业核心影响力形成 [J]. 管理评论 (8)：117 - 126.

邢天寿，1996. 学会自身发展规律的研究 [J]. 学会 (4)：3 - 7.

徐凤敏，景奎，孙娟，2018. 基于综合指标的 Logistic 中小企业生命周期研究 [J]. 管理学刊 (6)：41 - 51.

徐刚，2019. 社会治理之问下社会组织孵化器的悖向依赖逻辑 [J]. 湖湘论坛 (6)：126 - 138.

徐静，刘肖，2010. 民办自闭症教育机构生存现状及发展策略探析——以北京星星雨教育研究所为例 [J]. 现代特殊教育 (Z1)：4 - 7.

徐顽强，胡经纬，乔纳纳，2018. 科技社团如何均衡发展——以武汉市为例 [J]. 中国高校科技 (10)：18 - 21.

徐顽强，朱喆，2015. 市场化环境下科技社团生存状况及对策建议研究——以武汉市为例［J］. 科技管理研究（18）：59－65.

徐顽强，2012. 资源依赖视域下政府与慈善组织关系研究［J］. 华中师范大学学报（人文社会科学版），（3）：14－19.

徐宇珊，2008. 非对称性依赖：中国基金会与政府关系研究［J］. 公共管理学报（1）：33－40，121.

徐宇珊，2010. 政府与社会的职能边界及其在实践中的困惑［J］. 中国行政管理（4）：36－38.

徐增辉，王欢，2015. 民间非营利组织优化社会共生关系的行动策略——以 S 市 H 社区服务中心为例［J］. 行政论坛（6）：84－88.

许鹿，罗凤鹏，王诗宗，2016. 组织合法性：地方政府对社会组织选择性支持的机制性解释［J］. 江苏行政学院学报（5）：100－108.

许鹿，孙畅，王诗宗，2018. 政治关联对社会组织绩效的影响研究——基于专业化水平的调节效应［J］. 行政论坛（4）：128－133.

许中波，2019. 资源依赖：地方政府公共文化服务治理中的组织博弈——以西北 A 市为例［J］. 四川行政学院学报（5）：82－94.

薛美琴，马超峰，2014. 社会组织的独立性：合法与有效间的策略选择［J］. 学习与实践（12）：81－87.

马斯洛 A H，2007. 人类动机的理论［M］. 许金声，译. 北京：中国人民大学出版社.

杨红梅，吕乃基，2013. 科技社团核心竞争力评价模型与指标构建［J］. 自然辩证法通讯（3）：93－100，127－128.

杨红梅，2012. 科技社团核心竞争力的认识模型及实现初探［J］. 科学学研究（5）：654－659.

杨红梅，2011. 科技社团的核心竞争力及其研究途径［J］. 自然辩证法研究（9）：88－92.

杨文志，2005. 解析科技社团的发展历程［J］. 学会（3）：14－16.

杨文志，2006. 现代科技社团概论［M］. 北京：科学普及出版社.

姚华，2013. NGO 与政府合作中的自主性何以可能？——以上海 YMCA 为个案［J］. 社会学研究（1）：21－42，241－242.

叶劲松，2005. 市民社会视角下的民间商会及其政治参与［J］. 浙江社会科学（4）：27－33.

叶托，2019. 资源依赖、关系合同与组织能力——政府购买公共服务中的社会组织发展研究 [J]. 行政论坛 (6)：61-69.

尹苗苗，李秉泽，杨隽萍，2015. 中国创业网络关系对新企业成长的影响研究 [J]. 管理科学 (6)：27-38.

于海，1998. 志愿运动、志愿行为和志愿组织 [J]. 学术月刊 (11)：56-62.

余明桂，潘红波，2008. 政治关系、制度环境与民营企业银行贷款 [J]. 管理世界 (8)：9-21，39，187.

俞可平，2002. 中国公民社会的兴起与治理的变迁 [M]. 北京：社会科学文献出版社.

虞维华，2005. 非政府组织与政府的关系——资源相互依赖理论的视角 [J]. 公共管理学报 (2)：32-39，93-94.

郁建兴，任泽涛，2012. 当代中国社会建设中的协同治理——一个分析框架 [J]. 学术月刊 (8)：23-31.

郁建兴，谈婕，2016. 行业协会人力资源困境的突破及其风险 [J]. 行政论坛 (6)：53-60.

袁建国，后青松，程晨，2015. 企业政治资源的诅咒效应——基于政治关联与企业技术创新的考察 [J]. 管理世界 (1)：139-155.

袁泉，黄鑫，2019. 募捐模式、组织化动员与社会组织的资源依赖——以鲁县微公益协会参与"配捐"的实践为例 [J]. 福建论坛（人文社会科学版）(12)：98-105.

詹丽凝，2019-02-18. 提高科普教育效率的必然选择 [N]. 中国科学报 (8).

张风帆，2004. 科技非政府组织研究 [D]. 武汉：武汉大学.

张国玲，田旭，2011. 欧美国家科技社团发展的机制与借鉴 [J]. 科技管理研究 (4)：24-27.

张豪，张向前，2015. 我国科技类协会促进经济发展的价值分析 [J]. 中国软科学 (6)：35-44.

张恒，2013. 中国科技社团创新发展的瓶颈、成因及对策分析 [D]. 上海：复旦大学.

张宏翔，2007. 国外科技期刊经营模式及对我国科技期刊经营发展的思考 [J]. 中国科技期刊研究 (5)：729-732.

张华，2015. 连接纽带抑或依附工具：转型时期中国行业协会研究文献评述 [J]. 社会 (3)：221-240.

张建君，2012. 嵌入的自主性：中国著名民营企业的政治行为 [J]. 经济管理 (5)：35-45.

张杰.2014. 我国社会组织公信力不足的制度成因探析 [J]. 青海社会科学 (2)：90 - 93.

张紧跟，庄文嘉，2008. 非正式政治：一个草根 NGO 的行动策略——以广州业主委员会联谊会筹备委员会为例 [J]. 社会学研究 (2)：133 - 150，245.

张静，1998. 法团主义 [M]. 北京：中国社会科学文献出版社.

张举，胡志强，2014. 英国科技社团参与决策咨询的功能分析 [J]. 科技管理研究 (2)：27 - 30.

张平，黄智文，高小平，2014. 企业政治关联与创业企业创新能力的研究——高层管理团队特征的影响 [J]. 科学学与科学技术管理 (3)：117 - 125.

张思光，缪航，曾家焱，2013. 知识生产新模式下科技社团科技评价的功能研究 [J]. 管理评论 (11)：115 - 122.

张婷婷，王志章，2014. 我国地方科技社团发展的现状与对策研究——以重庆市为例 [J]. 重庆邮电大学学报 (社会科学版) (1)：135 - 141.

张文宏，2003. 社会资本：理论争辩与经验研究 [J]. 社会学研究 (4)：23 - 35.

张文宏，2007. 中国的社会资本研究：概念、操作化测量和经验研究 [J]. 江苏社会科学 (3)：142 - 149.

张英杰，2014. 科技社团与科技型中小企业知识转移研究 [J]. 绥化学院学报 (11)：10 - 14.

张玉磊，2008. 困境与治理：非营利组织的市场化运作研究 [J]. 中国农业大学学报 (社会科学版)，(4)：170 - 180.

张振刚，姚聪，余传鹏，2018. 管理创新实施对中小企业成长的"双刃剑"作用 [J]. 科学学研究 (7)：1325 - 1333.

张自谦，2011. 科技社团改革发展中的问题及对策研究 [J]. 科协论坛 (8)：38 - 40.

赵宏伟，郗永勤，2010. 科技类社团分类模式及发展路径探究 [J]. 学会 (8)：29 - 33.

赵立新，2011. 科技社团绩效评价四维框架模型研究 [J]. 科研管理 (12)：151 - 156.

赵文媛，2018. 科技社团与 19 世纪中后期英国工业与社会发展 [J]. 科学管理研究 (3)：113 - 116.

赵晓芳，2017. "三圈理论"视角下的社会组织活力研究 [J]. 兰州学刊 (9)：186 - 197.

赵晓峰，刘涛，2012. 农村社会组织生命周期分析与政府角色转换机制探究——以鄂东南一个村庄社区发展理事会为例 [J]. 中国农村观察 (5)：87 - 93，97.

赵雪雁, 2012. 社会资本测量研究综述 [J]. 中国人口·资源与环境 (7): 127－133.

郑辉, 李路路, 2009. 中国城市的精英代际转化与阶层再生产 [J]. 社会学研究 (6): 65－86, 244.

郑佳斯, 2019. 策略性回应: 社会组织管理中的政府行为及其逻辑 [J]. 学习与实践 (3): 84－94.

郑晓俊, 林鸿燕, 2014. 科技社团在科技创新中发挥作用的实践与思考 [J]. 学会 (4): 39－42.

钟书华, 2009. 论科技举国体制 [J]. 科学学研究 (12): 1785－1792.

周大亚, 2013. 科技社团在国家创新体系中的地位与作用研究述评 [J]. 社会科学管理与评论 (4): 69－84.

周红云, 2003. 社会资本: 布迪厄、科尔曼和帕特南的比较 [J]. 经济社会体制比较 (4): 46－53.

周雪光, 2003. 组织社会学十讲 [M]. 北京: 社会科学文献出版社.

朱春奎, 沈萍, 2010. 行动者、资源与行动策略: 怒江水电开发的政策网络分析 [J]. 公共行政评论 (4): 25－46, 203.

朱光喜, 2019. 分化型政社关系、社会企业家行动策略与社会组织发展——以广西P市Y协会及其孵化机构为例 [J]. 公共管理学报 (2): 67－78, 171－172.

朱健刚, 2004. 草根NGO与中国公民社会的成长 [J]. 开放时代 (6): 36－47.

费希尔J, 2002. NGO与第三世界的政治发展 [M]. 邓国胜, 赵秀梅, 译. 北京: 社会科学文献出版社.

朱婷婷, 2016. 组织生命周期综述 [J]. 人力资源管理 (1): 17－18.

朱相丽, 谭宗颖, 阳宁晖, 2011. 国外科技组织决策咨询的运行机制研究 [J]. 科学管理研究 (6): 51－54.

朱兴涛, 2019. 基于生命周期的合作社成长资源获取及其战略选择 [J]. 税务与经济 (6): 62－67.

朱英, 2003. 中国行会史研究的回顾与展望 [J]. 历史研究 (2): 155－174.

朱永彪, 魏月妍, 2017. 上海合作组织的发展阶段及前景分析——基于组织生命周期理论的视角 [J]. 当代亚太 (3): 34－54, 158.

ABOUASSI K, 2015. Testing resource dependency as a motivator for NGO self-regulation: suggestive evidence from the global south [J]. Nonprofit and Voluntary Sector Quarterly (6): 1255－1273.

ACQUAAH M, 2007. Managerial social capital, strategic orientation, and organizational performance in an emerging economy [J]. Strategic management journal (12): 1235 – 1255.

ADIZES I, 1979. Organizational passages—diagnosing and treating lifecycle problems of organizations [J]. Organizational dynamics (1): 3 – 25.

GIDDENS A, 1984. The constitution of society: Outline of the theory of structuration [M]. Berkeley: University of California Press,.

BRINKERHOFF D W, 2002. Government – nonprofit relations in comparative perspective: evolution, themes and new directions [J]. Public Administration and Development: The International Journal of Management Research and Practice (1): 3 – 18.

BRUNT C, Akingbola K, 2019. How strategic are resource – dependent organisations? Experience of an international NGO in Kenya [J]. The European Journal of Development Research (2): 235 – 252.

BUCHANAN L, 1992. Vertical trade relationships: the role of dependence and symmetry in attaining organizational goals [J]. Journal of Marketing Research (1): 65 – 75.

CASCIARO T, Piskorski M J, 2005. Power imbalance, mutual dependence, and constraint absorption: a closer look at resource dependence theory [J]. Administrative science quarterly (2): 167 – 199.

CHEN C, Li Z, Su X, 2005. Rent seeking incentives, political connections and organizational structure: Empirical evidence from listed family firms in China [J]. City University of Hong Kong Working Paper (1): 22 – 29.

CHOTIBHONGS R, Arditi D, 2012. Analysis of collusive bidding behaviour [J]. Construction Management and Economics (3): 221 – 231.

CLAESSENS S, Feijen E, Laeven L, 2008. Political connections and preferential access to finance: The role of campaign contributions [J]. Journal of financial economics (3): 554 – 580.

COLEMAN J S, 1994. Foundations of social theory [M]. Boston: Harvard university press,.

COLEMAN J S, 1988. Social capital in the creation of human capital [J]. American journal of sociology (1): S95 – S120.

DAFT R L, 2010. Organization Theory and Design. 10th ed [M]. Mason: South – Western Cengage Learning.

DAHAN N M, Doh J P, Oetzel J, et al. 2010. Corporate – NGO collaboration: Co – creating new business models for developing markets [J]. Long range planning (2): 326 – 342.

DAVIS G F, Cobb J A. , 2000. Chapter 2 resource dependence theory: Past and future [J]. Stanford's organization theory renaissance (3): 21 – 42.

DICKSON B J, 2000. Cooptation and corporatism in China: The logic of party adaptation [J]. Political Science Quarterly (4): 517 – 540.

DOH J P, Guay T R. 2006. Corporate social responsibility, public policy, and NGO activism in Europe and the United States: An institutional – stakeholder perspective [J]. Journal of Management studies (1): 47 – 73.

DREES J M, 2013. Heugens P P. Synthesizing and extending resource dependence theory: A meta – analysis [J]. Journal of Management (6): 1666 – 1698.

FOSTER K W, 2002. Embedded within state agencies: Business associations in Yantai [J]. The China Journal (47): 41 – 65.

FURNEAUX C, Ryan N, 2014. Modelling NPO – government relations: Australian case studies [J]. Public Management Review (8): 1113 – 1140.

GIDRON B, Kramer R M, Salamon L M, 1992. Government and the third sector in comparative perspective: Allies or adversaries [J]. Government and the third sector: emerging relationships in welfare states (3): 1 – 30.

GREINER L E, 1972. Evolution and revolution as organizations grow [J]. Harvard business review (4): 37 – 46.

HANSMANN H B, 1980. The role of nonprofit enterprise [J]. The Yale law journal (5): 835 – 901.

HANSMANN H. B, 1996. The changing roles of public, private, and nonprofit enterprise in education, health care, and other human services [M]. Chicago : University of Chicago Press.

HAIRE M, 1959. Biological models and empirical histories in the growth of organizations [M]. New York: John Wiley

HILLMAN A J, Withers M C, Collins B J, 2009 . Resource dependence theory: A review [J]. Journal of management (6): 1404 – 1427.

HODGE B J, 1996. Organization theory: A strategic approach [M]. London: Pearson College Division.

HOWELL J, 1995. Prospects for NGOs in China [J]. Development in Practice (1): 5 – 15.

KATZ D, Kahn R L, 1978. The social psychology of organizations [M]. New York: Wiley

Press.

KHIENG S, Dahles H, 2015. Resource dependence and effects of funding diversification strategies among NGOs in Cambodia [J]. Voluntas: International Journal of Voluntary and Nonprofit Organizations (4): 1412 – 1437.

KIMBERLY J R, Miles R H, 1981. The organizational life cycle: Issues in the creation, transformation, and decline of organizations [M]. London: Jossey – Bass Publishers.

KRAMER R M, 2019. Privatization in Four European Countries: Comparative Studies in Government – Third Sector Relationships: Comparative Studies in Government – Third Sector Relationships [M]. London: Routledge Press.

LEE E W Y, Liu H K, 2012. Factors influencing network formation among social service nonprofit organizations in Hong Kong and implications for comparative and China studies [J]. International Public Management Journal (4): 454 – 478.

LI H, Meng L, Wang Q, et al. 2008. Political connections, financing and firm performance: Evidence from Chinese private firms [J]. Journal of development economics, (2): 283 – 299.

LIPPITT G L, Schmidt W H, 1967. Crises in a developing organization [J]. Harvard Business Review.

MALATESTA D, Smith C R, 2014. Lessons from resource dependence theory for contemporary public and nonprofit management [J]. Public Administration Review (1): 14 – 25.

MEDINA – BORJA A, Triantis K, 2014. Modeling social services performance: a four – stage DEA approach to evaluate fundraising efficiency, capacity building, service quality, and effectiveness in the nonprofit sector [J]. Annals of Operations Research (1): 285 – 307.

MURPHY G B, Trailer J W, Hill R C, 1996. Measuring performance in entrepreneurship research [J]. Journal of business research (1): 15 – 23.

NAJAM A, 2000. The four C's of government third Sector – Government relations [J]. Nonprofit management and leadership (4): 375 – 396.

PFEFFER J, Salancik G R, 1978. The external control of organizations: A resource dependence perspective [M]. New York : Harper and Row Press.

QUINNR E, Cameron K, 1983. Organizational life cycles and shifting criteria of effectiveness: Some preliminary evidence [J]. Management science (1): 33 – 51.

RAUH K, 2010. NGOs, foreign donors, and organizational processes: passive NGO recipients or strategic actors? [J]. McGill Sociological Review (1): 1: 29.

RIVAS J L, 2012. Co – opting the environment: an empirical test of resource – dependence theory [J]. The International Journal of Human Resource Management (2): 294 – 311.

SABATINI F, 2009. Social capital as social networks: A new framework for measurement and an empirical analysis of its determinants and consequences [J]. The Journal of Socio – Economics (3): 429 – 442.

SAIDEL J R, 1991. Resource interdependence: The relationship between state agencies and nonprofit organizations [J]. Public Administration Review (1): 543 – 553.

SALAMON L M, Anheier H K, 1992. In search of the non – profit sector. I: The question of definitions [J]. Voluntas: International Journal of Voluntary and Nonprofit Organizations (2): 125 – 151.

SALAMON L M, 1987. Of market failure, voluntary failure, and third – party government: Toward a theory of government – nonprofit relations in the modern welfare state [J]. Journal of voluntary action research (1): 29 – 49.

SCHULTZ T W, 1961. Investment in human capital [J]. The American economic review (1): 1 – 17.

SELZNICK P, 1948. Foundations of the theory of organization [J]. American sociological review (1): 25 – 35.

SELZNICK P, 1949. TVA and the grass roots: A study in the sociology of formal organization [M]. Berkeley : University of California Press.

SCOTT B R, 1973. The Industrial State: Old Myths and New Realities [J]. Harvard Business Review (3): 133 – 140.

SUK K P, 2002. The development of Korean NGOs and governmental assistance to NGOs [J]. Korea Journal (2): 279 – 303.

THOMPSON J D, McEwen W J. 1958. Organizational goals and environment: Goal – setting as an interaction process [J]. American Sociological Review, (1): 23 – 31.

THOMPSON J D, 2017. Organizations in action: Social science bases of administrative theory [M]. London : Routledge Press,.

TING W, 2013. From all the European countries to see the road of reform of China science and technology association [J]. Journal of Nanchang College of Education (1): 117.

TRZCINSKI E, Sobeck J L, 2012. Predictors of growth in small and mid – sized nonprofit organizations in the Detroit metropolitan area [J]. Administration in Social Work (5): 499 – 519.

WANG Q, Yao Y, 2016. Resource dependence and government – NGO relationship in China [J]. The China Nonprofit Review (1): 27 – 51.

WRY T, Cobb J A, Aldrich H E, 2013. More than a metaphor: Assessing the historical legacy of resource dependence and its contemporary promise as a theory of environmental complexity [J]. The Academy of Management Annals (1): 441 – 488.

Young D R, 2000. Alternative models of government – nonprofit sector relations: Theoretical and international perspectives [J]. Nonprofit and voluntary sector quarterly (1): 149 – 172.

ZALD M N, 1970. Power and Organizations [M]. Nashville: Vanderbilt University Press.

后　记

在人类文明和科技发展的历史进程中，科技社团在推动人类进步、科技治理与科技发展、反映科技界诉求等方面发挥着重要的作用。科技社团作为科技类社会组织，从宏观上看，能够推动中国科学技术发展，加速科技成果转化，促进科技与经济、科技与社会的相互融合。从微观上看，科技社团作为连接政府、企业、社会和科技工作者间的重要纽带和桥梁，在学术交流和向社会提供科技公共服务中同样具有不可替代的功能性作用。但当前，基于资源要素制约，中国科技社团在生存发展中存在着诸多障碍和现实问题，其功能性作用无法得到很好发挥。中国科技社团与国外科技社团的发展状况相比，无论是生存状态还是社会服务能力都存在着一定差距。国外成熟型科技社团已经从单纯的"学术型团体"向"社会服务型团体"转变。而我国大部分基层科技社团仍处在"求生"边缘，资源供给严重不足，组织呈现出"自我化生存"的半封闭状态，更不具备面向社会提供产品和公共服务的能力，基本都在政府的"让渡"空间里"依附生存"，与社会"绝缘"，组织作用无法发挥。因此，在新时代下破解基层科技社团发展困境，需要首先从资源的角度来解决其生存发展问题，从而扩展其发展路径，发挥科技社团的优势性作用。

当前，科技社团资源依赖行为维持着其组织的生存发展，但同时也将其带入了"资源依赖陷阱"。本书从资源依赖理论、组织生命周期理论、组织行为理论以及社会资本理论出发，在中观及微观层面，洞察和把握科技社团与政府、市场、高校以及公民等社会主体之间资源互换的机制、策略与路径。本书将科技社团作为一个"社会行动者"和"理性经济人"来分析，将研究重点关注于科技社团为了生存和发展与外部环境（组织）间的资源互动过程，对科技社团在资源获取过程下的依赖行为展开分析，探索科技社团在资源依赖行为中的动因、策略、困境以及选择，总结科技社团的资源依赖行为方式及过程。以行为动态的视角，探索科技社团在资源获取中的角色和行为，对科技社团的资源依赖行为如何影响其组织生存发展进行了一定的科学解释。

作者长期从事社会组织管理、政府管理与创新以及科技管理与科技政策等方面的教学和研究工作，近年来一直关注社会组织的成长研究，围绕科技社团发展、社会组织成长等研究领域主持和参与了多项国家级、省部级科研项目。

参与本书相关专题研究工作的有武汉工程大学朱喆老师，华中科技大学徐顽强老师，华中科技大学博士生研究生钟钦嵝、李敏、张婷、王文彬等，武汉工程大学硕士研究生王方、黄珊、常云、张军权、孙博文等。朱喆老师负责全书的整体策划、组织和写作大纲的制订，并负责全书的撰写和定稿工作。本书的写作还得到了相关部门和专家学者的大力支持与指导，在此表示由衷的感谢。从资源依赖行为的视角研究科技社团的生存发展是一个复杂而新颖的研究课题，科技社团资源依赖行为受到外部环境和国家政策等多方面的影响，特别是在国家大力推动政府与科技社团相脱钩的背景下，科技社团资源依赖行为的规律、特征将不断地发生变化，科技社团未来的生存发展资源来自哪里？什么样的资源依赖行为更能推动科技社团的发展，与外部组织之间如何进行利益平衡？这一系列问题还有待进一步给予科学回应。本书在研究中只是做了初步性的学术探索，旨在为今后科技社团以及社会组织行为研究做一个铺垫，抛砖引玉，吸引更多的学者对于这一研究主题展开更为深入的科学探讨，从研究组织间关系转向社会组织的行为研究，为"科技社团"和"社会组织"成长尽一份绵薄之力。由于笔者的知识水平和学术功底有限，面对科技社团资源依赖行为这一复杂的研究对象，在本书中还存在着不足和疏漏错误之处，真诚期待学术同行、专家学者以及科技社团领域的从业者们批评指正。

朱喆 2020 年 9 月于武汉